Buchreihe Elektronik 169

Roland Jeschke

Blinken, Tönen, Steuern mit dem Timer 555

Frech-Verlag Stuttgart

ISBN 3-7724-0332-8 · Best.-Nr. 169

© 1979　　　2. Auflage 1982

frech-verlag

GmbH + Co. Druck KG Stuttgart

Druck: Frech, Stuttgart

Der Verlag bittet zu beachten:
Unsere Veröffentlichungen von Schaltungen und Verfahren erfolgen ohne Rücksicht auf bestehende Patente, da sie nur für Amateur- und Lehrzwecke bestimmt sind. Eine gewerbliche Nutzung ist ausdrücklich untersagt.
Trotz sorgfältiger Überprüfung aller Schaltungen und Angaben durch Verfasser und Verlag lassen sich Fehler nie ganz vermeiden. Der Verlag kann deshalb weder eine Garantie für Fehlerlosigkeit noch die juristische Verantwortung oder irgendeine Haftung übernehmen. Verfasser und Verlag sind für Hinweise auf Fehler sowie für Verbesserungs- oder Ergänzungsvorschläge dankbar.

Inhalt

Einleitung 7

Die integrierte Schaltung 555 als Zeitgeber 8

Ausführungsform und Anschlußbilder 8
Experimentierschaltung zum Kennenlernen des
IC 555 als Zeitgeber 10
Das Zeitverhalten der monostabilen Kippschaltung
mit dem IC 555 12
Verweilzeitbestimmung mit Kondensator und
Widerstand 14
Daten und Beispiele zur Beschaltung des Zeitgeber-
Ausgangs 16
Zeitgeberschaltungen mit variabler Verweilzeit-
einstellung 20
Kurzzeit-Schaltuhr mit stufiger Zeitvorwahl 23
Sensortaste mit Kontaktentprellung 25
Sensortaste mit Befehlsspeicherung – der IC 555 als
Flipflop 26
Der IC 555 als Schwellwertschalter 26
Ein Dämmerungsschalter mit dem Timer 555 27
Akustischer Schalter mit dem IC 555 – Melder für
Geräusche oder Lärm 28
Alarmschaltung mit Alarmzeitbegrenzung 30
Lauflichtschaltung mit einer Kette von Monoflops . . 32

Die integrierte Schaltung 555 als Impulsgenerator 38

Die Impulsgenerator-Grundschaltung mit dem IC 555 38
Bestimmung der Impulsfrequenz 40
Anmerkungen zur inneren Funktion des IC 555 als
Impulsgenerator 43
Blinkschaltungen mit dem IC 555 als Taktgeber 45
Taktgeberschaltung mit getrennter Impulsdauer- und
Impulspausen-Einstellung 49
Tonsignalgeber mit dem IC 555 51
Beispiele zur Lautsprecherankopplung an den IC 555 53
Tonsignalgeber mit stetig veränderbarer Frequenz . . 56
Ein „Piepton-Signalgeber" 59
Elektronisches „Zweiklang-Horn" 61
Elektronische Heulton-Sirene 64
Elektronische Kinderorgel 67
Ein DING-DANG-DONG-Gong 71
Verlustarme Drehzahlsteuerung durch Stromimpulse
bei einem Gleichstrommotor 75

Zusammenstellung der wichtigsten Grenz- und
Kenndaten der integrierten Zeitgeberschaltung 555
im DIL-Plastik-Gehäuse 80

Einleitung

Zeitgeberschaltungen dienen dazu, Signale zeitlich zu bemessen und zu beeinflussen, d.h. z.B. zu verzögern, zu verkürzen, zu verlängern und zu wiederholen. Da Zeitgeberschaltungen in elektronischen Einrichtungen recht häufig benötigt werden, ist es vorteilhaft, sie als integrierte Bausteine herzustellen und einzusetzen.

Ein universell verwendbarer elektronischer Zeitgeber ist die integrierte Schaltung „555". Diese integrierte Schaltung wird von verschiedenen Herstellern angeboten, z.B. unter den Bezeichnungen NE 555, LM 555, TDB 0555 u.ä. In den Katalogen des Fachhandels wird sie meist unter dem Namen „Timer 555" geführt. So oder als IC 555 soll die „Integrierte Zeitgeber-Schaltung 555" auch in diesem Buch kurz bezeichnet werden (IC: Abkürzung aus dem Amerikanischen für „Integrated Circuit" = „Integrierte Schaltung"). Der Timer 555 wird hauptsächlich zur präzisen Zeitbemessung in monostabilen Schaltungen (Monoflops) und in astabilen Schaltungen (Multivibratoren) eingesetzt. Für den Hobby-Elektroniker dürfte sie besonders interessant sein, weil sie aufgrund ihrer guten Eigenschaften eine Vielzahl von Problemlösungen ermöglicht, die in diskreter Schaltungstechnik nur mit viel größerem Aufwand zu realisieren wären. Sie ist zudem überall im Fachhandel erhältlich und recht preiswert.

Die wesentlichen Merkmale des IC 555 sind:
– Geringer äußerer Schaltungsaufwand (lediglich eine RC-Kombination als Außenbeschaltung zur Zeitbestimmung)
– Geringer Platzbedarf
– Großzügiger Betriebsspannungsbereich von 4,5 V bis 15 V (dadurch ohne weiteres in verschiedenen Schaltkreissystemen, z.B. der TTL- und MOS-Technik, einsetzbar)
– Präzise Zeitgebung von Mikrosekunden bis zu einigen Minuten
– Gute Temperaturstabilität
– Hoher Eingangswiderstand am Triggereingang
– Relativ großer zulässiger Ausgangsstrom bis 200 mA.

In diesem Buch werden neben verschiedenen Anwendungsschaltungen auch eine Reihe von grundlegenden Experimentierschaltungen mit dem IC 555 beschrieben. Die Experimentierschaltungen sollen vor allem jenen Lesern, die diese integrierte Schaltung noch nicht kennen, die Möglichkeit bieten, schrittweise und einprägsam die wesentlichen Daten, Betriebsbedingungen und Funktionen dieser Halbleiterschaltung kennenzulernen. Die Anwendungsschaltungen zeigen, wie vielfältig der IC 555 einsetzbar ist. Alle Schaltungsvorschläge lassen sich ohne allzu großen Material- und Zeitaufwand realisieren.
Ein Teil dieser Schaltungen kann recht nützlichen Zwecken dienen, andere sollen hauptsächlich Spaß machen: beim Aufbauen und beim Ausprobieren.

Die integrierte Schaltung 555 als Zeitgeber

Ausführungsformen und Anschlußbilder

Die integrierte Zeitgeberschaltung 555 wird in zwei Ausführungsformen angeboten (Bild 1): im Metallgehäuse (ähnlich TO-99) und im Dual-In-Line-(DIL)-Plastikgehäuse. Beide Ausführungsformen besitzen 8 Anschlüsse; bei beiden ist die Anschlußbelegung identisch.

Die beiden Ausführungen werden verschiedenen Qualitätsansprüchen gerecht. Der Zeitgeber ist im Metallgehäuse in einem größeren Temperaturbereich (−55 °C bis +125 °C) einsatzfähig als im Plastikgehäuse (0 °C bis +70 °C). Für die Metallgehäuseausführung wird außerdem eine etwas präzisere Funktion garantiert; ihr Preis liegt dementsprechend höher.

In der Regel aber genügt die preiswerte Ausführung im Plastik-DIL-Gehäuse.

Bild 2 zeigt die Anschlußbelegung und die Innenschaltung des IC 555. Die Abbildung soll eine Vorstellung von dem geben, was die Entwicklungsingenieure in den kaum 1 Gramm schweren Zeitgeberbaustein „hineinintegriert" haben. In diesem Buch wird jedoch nicht auf alle Details der Innenschaltung eingegangen. Denn es dürfte zum Verstehen der im folgenden vorgeschlagenen Schaltungsbeispiele völlig ausreichen, den IC 555 als „Black Box" anzusehen und auf diese Weise seine wesentlichen Eigenschaften und Funktionen kennenzulernen.

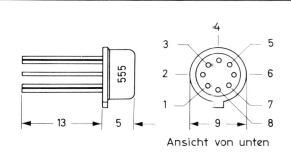

Ansicht von unten

Metallgehäuse, ähnlich TO-99

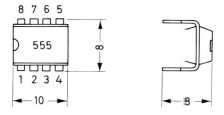

Plastikgehäuse DIL, 8 Anschlüsse

Bild 1   Ausführungsformen der integrierten Zeitgeberschaltung 555

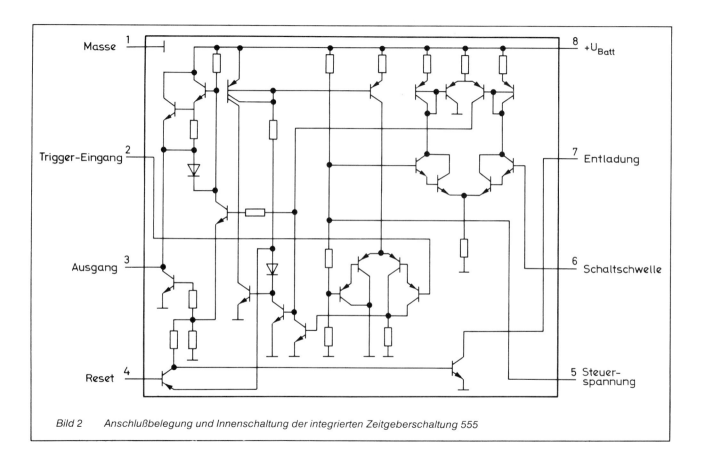

Bild 2   Anschlußbelegung und Innenschaltung der integrierten Zeitgeberschaltung 555

Experimentierschaltung zum Kennenlernen des IC 555 als Zeitgeber

Um die wichtigsten Anschlußbedingungen und Funktionen der Zeitgeberschaltung „spielend" kennenzulernen, ist es zweckmäßig, eine einfache Experimentierschaltung aufzubauen (Bild 3). Man benötigt dafür nur rund ein halbes Dutzend Bauelemente: Den IC 555, einen Kondensator und einen Widerstand als zeitbestimmende Schaltglieder, eine Leuchtdiode mit Vorwiderstand zur Anzeige eines Ausgangssignals und einen Tastschalter zur Signaleingabe. Als Spannungsquelle genügt eine 4,5-V-Taschenlampenbatterie, denn der IC 555 ist in einem Betriebsspannungsbereich von 4,5 bis 15 V funktionsfähig.

Der IC 555 wird mit dem Anschluß 1 an Masse (Minuspol der Betriebsspannungsquelle) gelegt, der Anschluß 8 wird an den Pluspol der Spannungsquelle angeschlossen. An die Anschlüsse 6 und 7 wird die zeitbestimmende Kombination geschaltet. Dabei wird der Widerstand mit dem Betriebsspannungs-Pluspol, der Kondensator mit Masse verbunden. Bei Elektrolytkondensatoren ist auf die richtige Polung zu achten. Als Signaleingang dient Anschluß 2. Und zwar wertet die Schaltung als triggerndes Eingangssignal das Nullpotential. Die Signalgabe erfolgt im einfachsten Fall dadurch, daß der Schaltungsanschluß 2 über einen Schalter mit Masse verbunden wird. Als Signalausgang der Zeitgeberschaltung fungiert Anschluß 3. An diesem Anschluß können zwei Signalzustände auftreten: Pluspotential oder Nullpotential. Wenn die Zeitgeberschaltung am Eingang getriggert wird, springt der Ausgang 3 vorübergehend von Null- auf Pluspotential. Dieser Signalzustand wird von der Leuchtdiode angezeigt. Die Anschlüsse 4 und 5 des IC 555 bleiben im Versuchsaufbau zunächst unbeschaltet. Ihre Funktion wird später erklärt.

Für die ersten Experimente ist die zeitbestimmende RC-Kombination mit $R_A = 33\,k\Omega$ und $C = 100\,\mu F$ (Elko) so bemessen, daß nach einem kurzen Eingangssignal am Schaltungsausgang für rund 3,5 Sekunden ein Ausgangssignal auftritt. Die Leuchtdiode leuchtet für diese Zeit und verlischt dann wieder.

Bei der Experimentierschaltung, die man aufgrund ihrer Wirkungsweise als monostabile Kippschaltung oder kurz als Monoflop bezeichnet, lassen sich also zwei Betriebszustände unterscheiden: der Ruhezustand, in dem kein Ausgangssignal abgegeben wird, und der Arbeitszustand, in dem am Schaltungsausgang für eine bestimmte „Verweilzeit" ein Signal erscheint.

Da sowohl am Schaltungseingang wie am Schaltungsausgang nur mit zwei eindeutig unterscheidbaren (binären) Signalen gearbeitet wird, nämlich mit Pluspotential und Nullpotential, werden bei den weiteren Betrachtungen in diesem Buch nach den Gepflogenheiten der Digitaltechnik nur noch die Signalbezeichnungen 1 und 0 benutzt. Zur Benennung der Schaltzustände der monostabilen Kippschaltung gilt also:

Pluspotential entspricht 1-Signal.
Nullpotential entspricht 0-Signal.

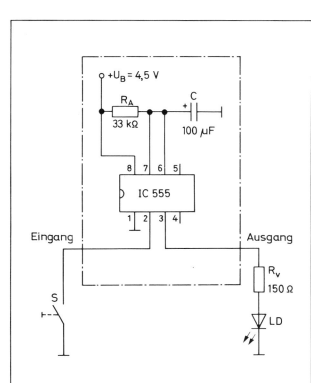

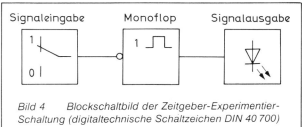

Bild 3 Experimentierschaltung zum Testen des monostabilen Schaltverhaltens des Timers 555. Anschlußplan und Aufbaubeispiel auf einer Steckplatte (Foto rechts.)

Bild 4 Blockschaltbild der Zeitgeber-Experimentier-Schaltung (digitaltechnische Schaltzeichen DIN 40 700)

Nach den Normen der Digitaltechnik kann die gesamte monostabile Kippschaltung als ein in sich abgeschlossenes Wirkungsglied betrachtet werden, für das es ein besonderes Schaltzeichen gibt (siehe DIN 40700), Bild 4. Diese Normdarstellung ermöglicht eine Vereinfachung der Schaltpläne und erleichtert den Überblick über die wesentlichen Zusammenhänge in den digital-elektronischen Schaltungen.

Das Zeitverhalten der monostabilen Kippschaltung mit dem IC 555

Die verschiedenen Möglichkeiten des Zeitverhaltens des als Monoflop geschalteten IC 555 lassen sich besonders anschaulich mit Signal-Zeit-Diagrammen darstellen, Bild 5:

a) Wenn am Eingang des Monoflops ein kurzes 0-Signal gegeben wird, erscheint am Ausgang des Monoflops für die Dauer der Verweilzeit t_v ein 1-Signal.
Mit diesem Zeitverhalten eignet sich die Schaltung z. B. als Meldeschaltung für sehr kurze Signale, die wegen ihrer Kürze mit den menschlichen Sinnen nicht wahrnehmbar wären. Die Schaltung dient in einem solchen Fall gewissermaßen als „Zeitlupe".
b) Die Dauer des Einschaltimpulses hat keinen Einfluß auf die Dauer der Verweilzeit des Monoflops, solange das Einschaltsignal kürzer als die Verweilzeit ist.
c) Auch ein nochmaliges Triggern während des Ablaufs einer Verweilzeit hat keinen Einfluß auf die Verweilzeitdauer. Man sagt, die monostabile Kippschaltung ist nicht nachtriggerbar.
d) Wirkt das Eingangssignal jedoch länger als die am Monoflop eingestellte Verweilzeit t_v, so wird das Zurückkippen in den Ruhezustand verhindert. Erst wenn danach am Schaltungseingang das Signal von 0 auf 1 wechselt, kippt das Monoflop unverzüglich aus dem Arbeitszustand in den Ruhezustand zurück.

Die Arbeitsweise der monostabilen Kippschaltung mit dem

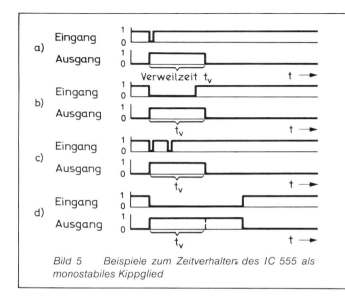

Bild 5 Beispiele zum Zeitverhalten des IC 555 als monostabiles Kippglied

IC 555 läßt sich zusätzlich beeinflussen, wenn der IC-Anschluß 4 beschaltet wird, Bild 6a.
Dieser Anschluß wird als Rücksetzeingang oder Reset bezeichnet. Wenn der Anschluß 4 mit dem Nullpotential verbunden wird, so wird die Monoflop-Schaltung, falls sie sich gerade im vorübergehenden Arbeitszustand befindet, sofort in den Ruhezustand zurückgeschaltet, d.h. die Verweilzeit wird verkürzt.

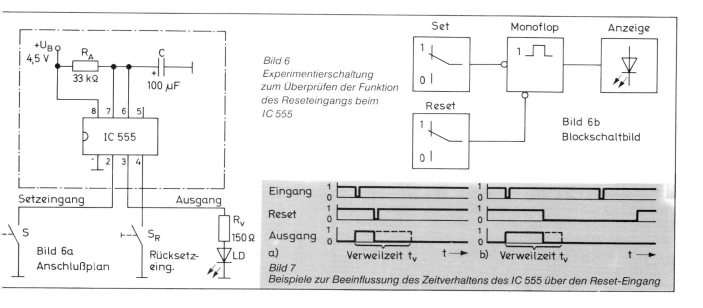

Bild 6 Experimentierschaltung zum Überprüfen der Funktion des Reseteingangs beim IC 555

Bild 6b Blockschaltbild

Bild 6a Anschlußplan

Bild 7 Beispiele zur Beeinflussung des Zeitverhaltens des IC 555 über den Reset-Eingang

In Bild 7a wird diese Beeinflussungsmöglichkeit des Zeitverhaltens des Monoflops mit einem Signal-Zeit-Plan veranschaulicht.
Wenn ein Triggerimpuls auf den Setzeingang der Monoflop-Schaltung gegeben wird, während der Reseteingang mit dem Nullpotential verbunden ist, so verbleibt das Monoflop im Ruhezustand, der Reset dominiert also. Das Resetsignal hat Vorrang vor dem Setsignal, Bild 7b.

Wie die Experimentierschaltung zur Überprüfung der Wirkung des Reseteingangs bei der integrierten Schaltung 555 zusammenfassend als Blockschaltbild dargestellt werden kann, zeigt Bild 6b.

Die kleinen Kreise am Setz- und am Rücksetzeingang des Monoflop-Symbols bedeuten, daß jeweils 0-Signale zur Ansteuerung erforderlich sind.

Verweilzeitbestimmung mit Kondensator und Widerstand

Die Verweilzeit t_v für die monostabile Kippschaltung mit dem IC 555 wird durch die externe RC-Kombination bestimmt (vgl. Bild 8). Wenn das Monoflop getriggert wird, bleibt es so lange im Arbeitszustand, bis der Kondensator C über den Widerstand R_A auf 2/3 der Betriebsspannung aufgeladen ist. Ist dieser Wert erreicht, so wird der Kondensator über einen internen Transistor im IC entladen und bleibt bis zum nächsten Triggern kurzgeschlossen. Weil die Rücksetzspannungsschwelle durch einen internen Spannungsteiler stets auf die jeweils vorhandene Betriebsspannung bezogen wird, ist die Zeitgebung bei dieser integrierten Schaltung unabhängig von Betriebsspannungsschwankungen. Nach Herstellerangaben liegt die Verweilzeitgenauigkeit im Betriebsspannungsbereich von 4,5 V bis 15 V bei ± 2 %.

Die Abhängigkeit der Verweilzeit t_v vom Widerstand R_A und der Kapazität C wird durch folgende einfache Formeln beschrieben:

$$t_v = 1{,}1 \cdot R_A \cdot C$$

$$R_A = \frac{t_v}{1{,}1 \cdot C} \qquad C = \frac{t_v}{1{,}1 \cdot R_A}$$

Beispiel 1: Welcher Widerstand ist erforderlich, um zusammen mit einem gut isolierenden Folien-Kondensator von 1 µF eine Verweilzeit von 5,17 s einzustellen?

$$R_A = \frac{t_v}{1{,}1 \cdot C} = \frac{5{,}17 \text{ s}}{1{,}1 \cdot 1 \text{ µF}} = \mathbf{4{,}7 \text{ M}\Omega}$$

Beispiel 2: Welche Verweilzeit stellt sich ein, wenn ein Aluminium-Elektrolytkondensator von 1000 µF und ein Widerstand von 1 MΩ als RC-Kombination zur Zeitgebung verwendet werden?

$t_v = 1{,}1 \cdot R_A \cdot C = 1{,}1 \cdot 1 \text{ M}\Omega \cdot 1000 \text{ µF} = 1100 \text{ s} = \mathbf{18{,}3 \text{ min.}}$

Wenn man diese Rechnung experimentell überprüft, so wird man eine längere Verweilzeit als die errechnete feststellen. Außerdem läßt die Wiederholgenauigkeit zu wünschen übrig. Der Grund für diese Abweichungen ist bei den unzulänglichen Isoliereigenschaften des Elektrolytkondensators zu suchen. Bei Aluminium-Elektrolytkondensatoren kann immerhin ein Leckstrom von etlichen Mikroampere auftreten, wodurch der Ladevorgang für längere Ladezeiten beträchtlich beeinflußt wird. Tantal-Elektrolytkondensatoren isolieren besser; sie ermöglichen also bei längeren Verweilzeiten eine genauere Zeiteinstellung.

Generell kann gelten, daß bei kleinen Kondensatorkapazitäten und bei relativ niedrigen Widerstandswerten genauere Verweilzeiten erreichbar sind als bei großen Werten. Im Hinblick auf diese Gegebenheit soll das Diagramm in Bild 8 helfen, die relativ günstigste RC-Kombination für eine gewünschte Verweilzeit auf einen Blick abzuschätzen.

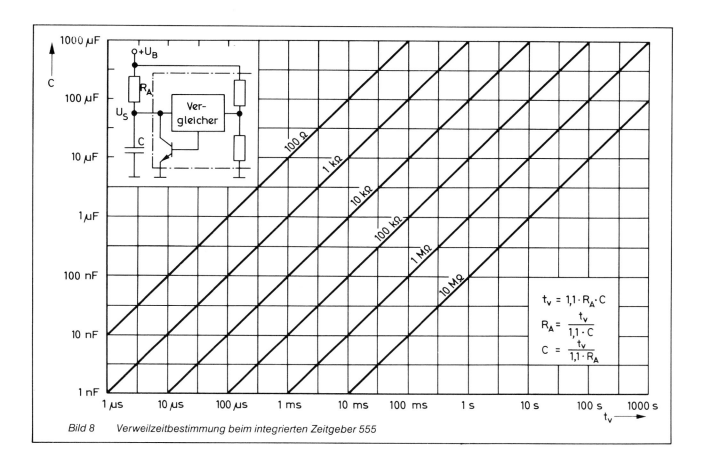

Bild 8   Verweilzeitbestimmung beim integrierten Zeitgeber 555

Daten und Beispiele zur Beschaltung des Zeitgeber-Ausgangs

Über den Ausgangsanschluß (3) des Zeitgebers 555 dürfen Stromstärken bis 200 mA fließen, so daß kleinere Lasten wie Leuchtdioden, Lämpchen und Relais direkt angeschlossen werden können.

Je nach Ausgangsbeschaltung kann eine Last entweder während des vorübergehenden Arbeitszustands des Zeitgebers oder aber während seiner Ruhestellung eingeschaltet sein (Bild 9).

Schaltung a): Wird eine Last zwischen den Ausgang (3) und Masse geschaltet, so fließt im Arbeitszustand des Zeitgebers ein Strom aus dem Ausgangsanschluß (3) durch die Last zur Masse.

Schaltung b): Wird hingegen eine Last zwischen das Pluspotential der Betriebsspannung und den Ausgangsanschluß (3) gelegt, so fließt im Ruhezustand des Zeitgebers ein Strom durch die Last in den Ausgangsanschluß des IC. Der Laststrom erzeugt beim Durchfließen des IC einen inneren Spannungsabfall, der von der Stromstärke und von dem Innenwiderstand des IC abhängig ist. Dies bedeutet, daß die für die Last zur Verfügung stehende Spannung stets kleiner ist als die Betriebsspannung.

Die folgenden Werte geben eine ungefähre Übersicht über die zu erwartenden inneren Spannungsabfälle bei verschiedenen Laststromstärken:

Laststrom I_L	Innerer Spannungsabfall U_I
10 mA	0,1 V
50 mA	0,4 V
100 mA	2,0 V
200 mA	2,5 V

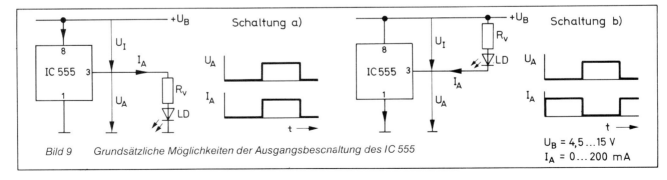

Bild 9 Grundsätzliche Möglichkeiten der Ausgangsbeschaltung des IC 555

U_B = 4,5 ... 15 V
I_A = 0 ... 200 mA

Beispiel: Bei einer Betriebsspannung $U_B = 5$ V soll ein Lämpchen an den Ausgang des Zeitgebers geschaltet werden, das eine Stromstärke von 100 mA fließen läßt. Wie groß ist die Ausgangsspannung am Zeitgeber?
Bei einer Laststromstärke von 100 mA ist mit einem Spannungsabfall von etwa 2 V im Innern des IC zu rechnen. Für die Lampe steht also nur die Spannung $U_A = U_B - U_I = 5$ V $- 2$ V $= 3$ V zur Verfügung.

Sollen mit dem Zeitgeber 555 größere Lastströme als 200 mA geschaltet werden, so müssen an den Zeitgeber-Ausgang entsprechende Schaltverstärker angeschlossen werden.
Bild 10 zeigt zwei Schaltungsmöglichkeiten mit Transistoren, die man den Schaltanforderungen entsprechend auswählen muß.

In Schaltung a) wird ein NPN-Transistor verwendet, so daß die Last jeweils stromdurchflossen ist, wenn der Zeitgeber sich während einer Verweilzeit im Arbeitszustand befindet und ein Steuerstrom vom Zeitgeber-Ausgang über den Basisvorwiderstand R_B und den Transistor zur Masse fließt.
In Schaltung b) wird ein PNP-Transistor verwendet. Der PNP-Transistor läßt einen Laststrom fließen, wenn seine Basis über den Basisvorwiderstand R_B mit Minus- bzw. Nullpotential verbunden ist. Der Transistor sperrt, wenn seine Basis wie sein Emitter auf positivem Potential liegt.

Bemessungsbeispiele zu den Schaltungen in Bild 10:
Schaltung a):
U_B: 12 V, La: 12 V/18 W, I_L: 1,5 A, T: BD 435 o.ä., R_B: 330 Ω
Schaltung b):
U_B: 12 V, La: 12 V/18 W, I_L: 1,5 A, T: BD 436 o.ä., R_B: 330 Ω

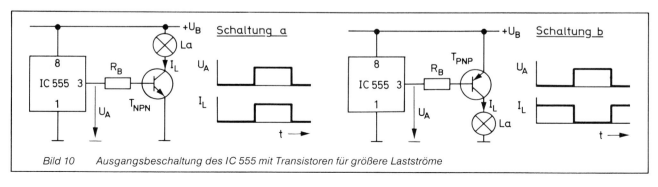

Bild 10 Ausgangsbeschaltung des IC 555 mit Transistoren für größere Lastströme

Leistungstransistoren, die Lastströme von mehr als 10 A schalten können, benötigen einen so hohen Steuerstrom, daß zwischen den IC 555 und den Leistungstransistor ein Treibertransistor geschaltet werden muß. In Bild 11 sind Treiber- und Leistungsschalttransistor in Darlington-Schaltung miteinander verknüpft. Bei dieser Schaltungsart werden die Gleichstromverstärkungsfaktoren der Transistoren miteinander multipliziert. Es gilt also: $B_{ges} = B_1 \cdot B_2$. Da in der vorgeschlagenen Schaltung ein Motor geschaltet werden soll, ist parallel zu diesem eine Freilaufdiode vorgesehen. Sie soll induktive Überspannungen vermeiden, die jeweils beim Abschalten des Motors entstehen würden.

Bemessungsbeispiel zu Bild 11:
U_B: 5 V, U_M: 24 V, T_2: BD 130 oder 2N3055 o. ä., T_1: BC 140 o. ä., I_{Mmax}: 3 A, R_B: 100 Ω, FD: BY 251 o. ä.

Im Schaltungsvorschlag von Bild 12 wird mit Hilfe eines Relais ein Wechselstromkreis geschaltet. Besonderer Vorteil: Das Relais gewährleistet eine galvanische Trennung zwischen Steuerstromkreis und Laststromkreis. Dies ist vor allem beim Schalten höherer Wechselspannungen (z. B. Netzwechselspannung) aus Sicherheitsgründen ratsam!

Bemessungsbeispiel zu Bild 12:
U_B: 12 V=, U_W: 220 V∼, Rls: 12 V/180 Ω/250 V/6 A, FD: 1N4001 o. ä., La: max 1000 W

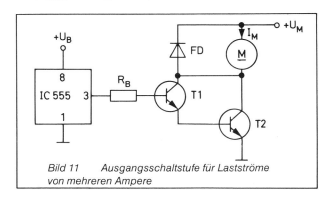

Bild 11   Ausgangsschaltstufe für Lastströme von mehreren Ampere

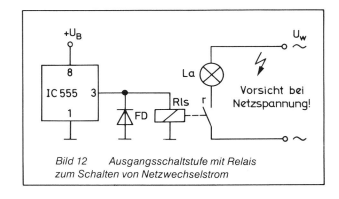

Bild 12   Ausgangsschaltstufe mit Relais zum Schalten von Netzwechselstrom

Zum kontaktlosen, d. h. verschleißfreien Schalten von Wechselströmen werden häufig Thyristoren und Triacs verwendet.
In Bild 13 dient ein Triac als Wechselstromschalter. Er wird direkt über einen Begrenzungswiderstand vom Zeitgeber 555 angesteuert. Zu beachten ist, daß zwischen Steuerschaltung und Wechselstromkreis keine galvanische Trennung besteht. Die gesamte Schaltung sollte deshalb als geschlossene Einheit gut isoliert aufgebaut sein!
Die Widerstands-Kondensator-Kombination parallel zum Triac dient zur Funkentstörung.

In Bild 14 wird ein Thyristor als Wechselstromschalter verwendet. Die Diodenschaltung ermöglicht die Ausnutzung aller Wechselstromhalbwellen.

Bemessungsbeispiel zu Bild 13:
U_B: 12 V=, U_W: 220 V~, Triac: TXD99A50 ($I_{La\,max}$ = 10 A), TC 1040 o. ä., R_G: 150 Ω, R_S: 100 Ω, C_S: 0,1 µF/600 V

Bemessungsbeispiel zu Bild 14:
U_B: 5 V=, U_W: 24 V~, La: 24 V/4 W, Thy: BRX 45 o. ä., R_G: 470 Ω, $D_{1...4}$: 1N4001

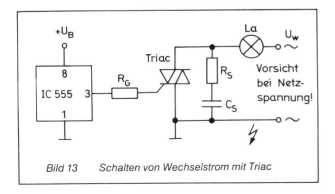

Bild 13 Schalten von Wechselstrom mit Triac

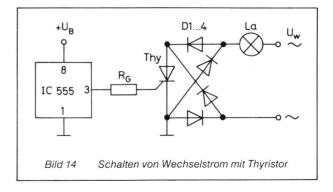

Bild 14 Schalten von Wechselstrom mit Thyristor

Zeitgeberschaltungen mit variabler Verweilzeiteinstellung

Neben monostabilen Kippgliedern mit fest vorgegebener Verweilzeit sind in manchen Anwendungsfällen auch Zeitgeber mit variabler Verweilzeiteinstellung erforderlich. Bild 15 enthält das Schaltsymbol eines monostabilen Kippglieds mit stetig einstellbarer Verweilzeit. Im folgenden wird beschrieben, wie sich die integrierte Schaltung 555 als monostabiles Kippglied mit variabler Zeiteinstellung schalten läßt.

Grundsätzliche Verweilzeit-Einstellmöglichkeiten

Eine stufenlose oder stufige Veränderung der Verweilzeit bei der integrierten Zeitgeberschaltung 555 ist grundsätzlich auf dreierlei Weise möglich:
a) durch Veränderung des externen Widerstandes R_A;
b) durch Veränderung des externen Kondensators C;
c) durch eine variable Steuerspannung am Steueranschluß 5 des IC 555.

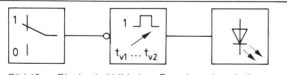

Bild 15 Blockschaltbild einer Experimentierschaltung mit einem Monoflop mit stetig einstellbarer Verweilzeit

Stufenlose Verweilzeiteinstellung durch Veränderung des Widerstandes R_A

Wenn man statt eines festen zeitbestimmenden Widerstandes R_A an der integrierten Zeitgeberschaltung 555 einen Einstellwiderstand verwendet, so kann man die Verweilzeit stufenlos in einem mehr oder weniger großen Bereich variieren. Bild 16 zeigt einen Schaltungsvorschlag zum Ausprobieren dieser Einstellmöglichkeit. Dem Einstellwiderstand R_{AE} ist in dieser Experimentierschaltung ein Widerstand R_{AV} vorgeschaltet, der einen Kurzschluß über den IC verhindern soll, wenn der Einstellwiderstand auf Null gestellt wird. Der Widerstand R_{AV} sollte nicht kleiner sein als etwa 150 Ω (bei U_B = 15 V). Durch den Vorwiderstand R_{AV} wird der Einstellbereich für die Verweilzeit des Zeitgebers zwangsläufig nach unten hin begrenzt. Im abgebildeten Schaltbeispiel beträgt die kleinste Verweilzeit

$t_{v\,min} = 1,1 \cdot C \cdot R_{AV} = 1,1 \cdot 100\,\mu F \cdot 1\,k\Omega = 0,11\,s$.

Die längste einstellbare Verweilzeit in diesem Schaltbeispiel beträgt

$t_{v\,max} = 1,1 \cdot C \cdot (R_{AE} + R_{AV}) =$
$1,1 \cdot 100\,\mu F \cdot (100\,k\Omega + 1\,k\Omega) = 11,1\,s$.

Bei Verwendung eines anderen Einstellwiderstandes läßt sich dieser Einstellbereich selbstverständlich entsprechend vergrößern oder verkleinern ($R_{AE\,max}$ = 20 MΩ).

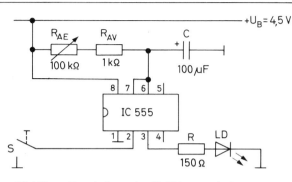

Bild 16 Beschaltung des IC 555 zur stufenlosen Verweilzeiteinstellung über den Widerstand R_A

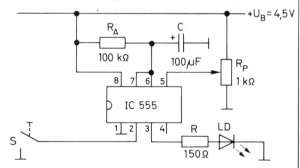

Bild 17 Beschaltung des IC 555 zur Beeinflussung der Verweilzeit über einen separaten Steuereingang (Anschluß 5)

Verweilzeiteinstellung mit dem Kondensator C

Da es stufenlos verstellbare Kondensatoren nur für relativ kleine Kapazitäten gibt, ist die stufenlose Verweilzeiteinstellung über einen externen Drehkondensator an dem IC 555 nur auf relativ kurze Zeiten bzw. enge Bereiche beschränkt. Für größere Verweilzeiten kommt eher eine stufige Änderung durch das Zu- oder Abschalten von Kapazitäten in Betracht (vgl. auch „Kurzzeit-Schaltuhr"). So ist es z. B. möglich, in der Experimentierschaltung nach Bild 16 durch das Auswechseln der Kapazität den Einstellbereich im ganzen in eine andere Größenordnung zu verschieben. Der Stellbereich erstreckt sich z. B. in den Grenzen von $t_{v\,min} = 0{,}011$ s bis $t_{v\,max} = 1{,}111$ s, wenn die Kapazität von 100 µF auf 10 µF herabgesetzt wird, die Widerstände $R_{AE} = 100$ kΩ und $R_{AV} = 1$ kΩ jedoch beibehalten werden.

Stufenlose Verweilzeiteinstellung über den Steueranschluß 5 des IC 555

Eine weitere Möglichkeit der stufenlosen Verweilzeiteinstellung bei dem integrierten Timer 555 ist über den separaten Steueranschluß 5 gegeben. Wenn ein Potentiometer gemäß Bild 17 zugeschaltet wird, kann die Verweilzeit in einem gewissen Bereich verändert werden. Diese Variationsmöglichkeit wird vor allem zur Korrektur oder Feineinstellung einer durch eine feste externe RC-Kombination vorbestimmten Verweilzeit verwendet.

Die Verweilzeitbeeinflussung bei dem IC 555 über den Steueranschluß 5 beruht auf folgenden Zusammenhängen:
Im Innern der integrierten Schaltung befindet sich ein Spannungsteiler, der u. a. den Schwellenspannungswert bestimmt, bis zu dem der zeitbestimmende Kondensator C über den zeitbestimmenden Widerstand R_A aufgeladen wird, Bild 18 (vgl. auch Bild 2 und Bild 8). Der Anschluß 5 des IC ist direkt mit dem Spannungsteiler verbunden. Die Spannung, die man zwischen dem unbeschalteten Anschluß 5 und Masse messen kann, beträgt stets 2/3 der jeweils verwendeten Betriebsspannung. Wird ein externer Spannungsteiler an den Anschluß 5 geschaltet, so werden die Spannungsverhältnisse am inneren Spannungsteiler beeinflußt. Die Schaltspannungsschwelle kann somit herauf- oder herabgesetzt werden. Die Verweilzeit des Zeitgebers läßt sich dementsprechend verändern.

Das Einstellpotentiometer darf beliebig über den gesamten Stellbereich bis in die extremen seitlichen Schleiferpositionen verstellt werden, ohne daß über den IC ein Kurzschluß entsteht. Denn wie aus Bild 18 ersichtlich ist, ist auch in den extremen Einstellungen des Potentiometerschleifers jeweils ein Teilwiderstand des inneren Spannungsteilers als Begrenzer wirksam. Allerdings liegt in den extremen Einstellpositionen die Vergleichsspannung an Anschluß 5 des IC auf Plus- oder Nullpotential, so daß die Monoflop-Funktion der Schaltung aufgehoben wird. Für praktische Anwendungsfälle ist somit nur ein kleinerer Einstellbereich nutzbar. Im Experiment lassen sich die Einstellmöglichkeiten gut überprüfen. Soll der Einstellbereich besonders exakt oder eng begrenzt sein, so kann dies durch das Zuschalten von flankierenden Widerständen an das Potentiometer erreicht werden. Durch die Einschränkung des Einstellbereichs kann das Feineinstellen eines Verweilzeitwertes erleichtert werden.

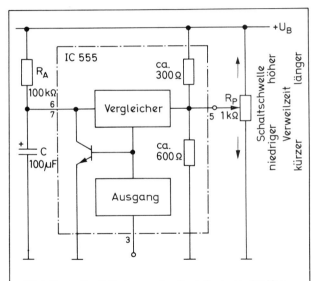

Bild 18 Zur Erläuterung der Beeinflussung der Verweilzeit bei dem IC 555 über den Steueranschluß 5

Kurzzeit-Schaltuhr mit stufiger Zeitvorwahl

Hobby-Elektroniker und andere Heimwerker können eine automatisch schaltende Uhr für kurze Zeiten bei vielen Gelegenheiten einsetzen, z. B. beim zeitlich begrenzten Beleuchten und Belichten, beim Lüften und Trocknen, beim Kleben, beim Erwärmen, beim Telefonieren.

Problemstellung

Es soll eine einfache elektronische Schaltuhr gebaut werden, bei der sich kurze Zeiten in gleichmäßigen, festgelegten Stufen vorwählen lassen. Der Zeiteinstellbereich soll im ganzen umschaltbar sein. Die vorgewählte Zeitgabe soll durch Tastendruck gestartet und ebenso, wenn gewünscht, vorzeitig gestoppt werden können. Nach Ablauf der eingestellten Zeit soll ein Gerät geschaltet oder ein Meldesignal gegeben werden. Bild 19 zeigt eine Zusammenstellung der Eingabeelemente der Kurzzeit-Schaltuhr.

Schaltungskonzept und Schaltungsausführung

Eine einfache, preiswerte, stufig einstellbare Kurzzeit-Schalteinrichtung läßt sich mit dem integrierten Timer 555 aufbauen, wenn der zeitbestimmende externe Widerstand (R_A) durch eine Reihe einzelner umschaltbarer Widerstände gebildet wird. Bild 20 zeigt einen Schaltungsvorschlag mit 12 gleichen Einzelwiderständen, die durch einen handelsüblichen Dreh-Stufenschalter umgeschaltet werden können. Somit stehen 12 gleiche Zeitstufen zur Verfügung. Eine Bereichsumschaltung ist möglich, indem jeweils ein anderer zeitbestimmender Kondensator (C_1 oder C_2) eingeschaltet wird. Im abgebildeten Beispiel ist die Kapazität des einen Kondensators zehnmal größer als die des anderen. Dementsprechend unterscheiden sich die Zeiteinstellbereiche: der eine reicht von 0,1 Minuten bis 1,2 Minuten, der andere von 1 Minute bis 12 Minuten. Selbstverständlich lassen sich durch andere Kondensatoren andere Zeitbereiche vorgeben. Zu bedenken ist, daß die Genauigkeit der Zeitgabe hauptsächlich durch die Kondensatoren in Frage gestellt wird. Große Elektrolytkondensatoren besitzen bekanntlich große Wertetoleranzen und lassen relativ große Leckströme fließen!

Zur Feineinstellung der Zeitwerte, die sich bei der Verwendung handelsüblicher Bauelemente nur ungefähr voreinstellen lassen, ist ein Potentiometer am Steuereingang 5 des IC 555 vorgesehen. Die Feineinstellung der Zeitgabe der Kurzzeit-Schaltuhr erfolgt am besten durch Zeitvergleich mit einer anderen Uhr mit Sekundenanzeige.

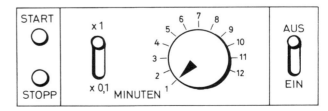

Bild 19 Eingabeelemente der Kurzzeit-Schaltuhr

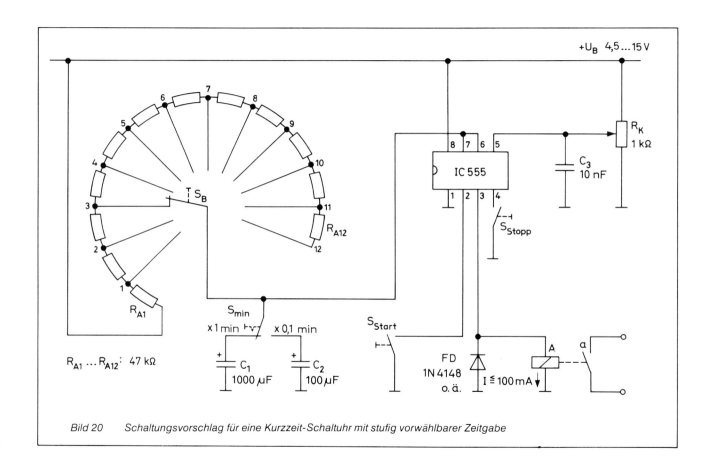

Bild 20 Schaltungsvorschlag für eine Kurzzeit-Schaltuhr mit stufig vorwählbarer Zeitgabe

Sensortaste mit Kontaktentprellung

Der integrierte Timer 555 kann bekanntlich in den vorübergehenden Arbeitszustand geschaltet werden, indem der Triggeranschluß 2 kurzzeitig mit Masse verbunden wird. Da der Eingangswiderstand des IC recht hoch ist, er liegt bei 10 MΩ, reicht in der Regel schon die relativ geringe Leitfähigkeit einer Fingerkuppe zur Kontaktbildung zwischen dem Triggeranschluß 2 und Masse aus.
Man kann den IC 555 deshalb als Sensortaste einsetzen, Bild 21. Als Berührungsflächen für den Sensor kann man z. B. zwei verchromte Polsternägel oder Reißwecken verwenden.
Die Empfindlichkeit des Sensorschalters kann, falls erforderlich, durch einen hochohmigen Widerstand (R_1) herabgesetzt werden, der zwischen das Pluspotential und den Triggeranschluß zu schalten ist. Zur weiteren Erhöhung der Störsicherheit kann zusätzlich ein Kondensator (10 bis 100 nF) zwischen Anschluß 5 und Masse gelegt werden.
Wenn der Timer 555 mit entsprechender Beschaltung als Monoflop arbeitet, so wird am Schaltungsausgang stets ein wohlgeformter Rechteckimpuls gebildet, auch wenn der Impuls am Triggereingang nicht rechteckförmig ist und sogar mehrfach als Prellschwingung auftritt, Bild 22.

Der Sensorkontakt ist also „entprellt", eine Maßnahme, die, wie der Elektroniker weiß, bei vielen Kontakten in elektronischen Schaltungen erforderlich ist, damit die anzusteuernden Einrichtungen nicht fehlerhaft arbeiten.

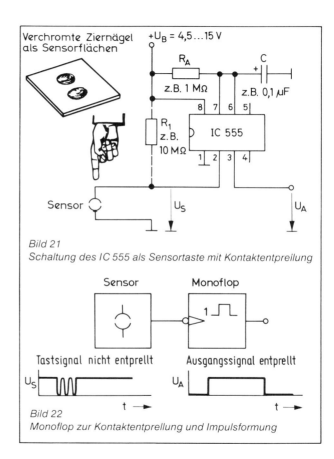

Bild 21
Schaltung des IC 555 als Sensortaste mit Kontaktentprellung

Bild 22
Monoflop zur Kontaktentprellung und Impulsformung

Sensortaste mit Befehlsspeicherung – der IC 555 als Flipflop

Wenn man die externe, zur Verweilzeitbestimmung dienende RC-Kombination wegläßt, so arbeitet der IC 555 als Signalspeicher, da sich im Innern des IC ein Flipflop befindet. Der Signalspeicher kann durch einen Triggerimpuls gesetzt und durch einen Rücksetzimpuls am Reseteingang 4 wieder zurückgestellt werden. Auch diese Schaltung wirkt kontaktentprellend, Bild 23.

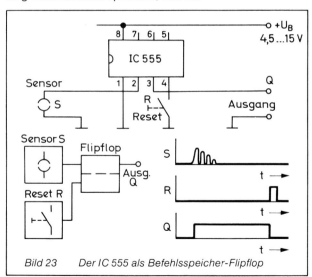

Bild 23   Der IC 555 als Befehlsspeicher-Flipflop

Der IC 555 als Schwellwertschalter

Für die integrierte Schaltung 555 bestehen ganz allgemein folgende Ansteuerungsbedingungen:
Wenn die Eingangsspannung am Anschluß 2 unter $1/3$ des Wertes der anliegenden Betriebsspannung sinkt, so wechselt der Schaltungsausgang (Anschluß 3) sprunghaft auf Pluspotential. Dabei ist es gleichgültig, ob die Eingangsspannung schnell oder langsam verändert wird.
Aufgrund dieses Schaltverhaltens kann der IC 555 als Schwellwertschalter verwendet werden.
Bild 24 enthält eine Experimentierschaltung zum Überprüfen des Schwellwert-Schaltverhaltens. Es ist kein externer zeitbestimmender Kondensator angeschlossen, so daß sich der Ausgangszustand der Schaltung jeweils unverzögert in Abhängigkeit von der Eingangsspannung einstellt. Das heißt:
a) wenn die Eingangsspannung unter etwa $1/3$ U_B liegt, so führt der Schaltungsausgang Pluspotential;
b) wenn die Eingangsspannung über etwa $1/3$ U_B liegt, so führt der Schaltungsausgang Nullpotential.
Allerdings muß folgende Gegebenheit berücksichtigt werden: die Einschaltschwelle liegt etwas niedriger als die Ausschaltschwelle.
Man bezeichnet diese Besonderheit der Ansteuerbedingungen als „Schalthysterese". Das Diagramm in Bild 24 veranschaulicht die Beziehungen zwischen der Eingangs- und der Ausgangsspannung des Schwellwertschalters.

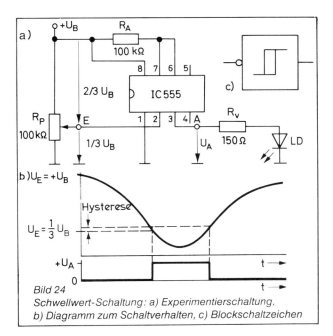

Bild 24 Schwellwert-Schaltung: a) Experimentierschaltung, b) Diagramm zum Schaltverhalten, c) Blockschaltzeichen

Auch anders aufgebaute elektronische Schwellwertschalter (bekannt unter der Bezeichnung Schmitt-Trigger) besitzen in der Regel eine Schalthysterese.
Das Schwellwert-Schaltverhalten des IC 555 kann überall dort genutzt werden, wo es gilt, bei einem bestimmten Wert einer Meßgröße, z. B. Helligkeit, Dunkelheit, Temperatur, Feuchtigkeit oder Lärm, einen Schaltvorgang auszulösen.

Ein Dämmerungsschalter mit dem Timer 555

Eine helligkeitsabhängige Ansteuerung des IC 555 erreicht man, wenn man in den Eingangsspannungsteiler gemäß Bild 25 einen Fotowiderstand einbezieht. Wenn der Fotowiderstand beleuchtet ist, ist er niederohmig. In diesem Fall liegt die Spannung am Eingang (Anschluß 2) des IC über der Einschaltspannungsschwelle. Wird der Fotowiderstand abgedunkelt, so wird er hochohmig. Die Spannung am Eingangsanschluß 2 sinkt dann unter die Schaltschwelle und das Gerät am Ausgang (Anschluß 3) des IC 555, z. B. ein Relais, wird eingeschaltet. Der Einstellwiderstand R_E dient zum Feineinstellen der Helligkeitsschaltschwelle. Der Widerstand R_V begrenzt den Höchststrom für den Fotowiderstand R_F.

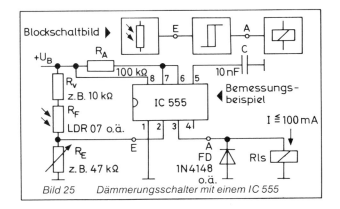

Bild 25   Dämmerungsschalter mit einem IC 555

Akustischer Schalter mit dem IC 555 – Melder für Geräusche oder Lärm

Problemstellung

Die integrierte Schaltung 555 soll aufgrund ihrer Schwellwertschalter-Funktion als akustischer Schalter zum Melden von Geräuschen, Erschütterungen oder eines bestimmten Lärmpegels verwendet werden. Die Empfindlichkeit für Eingangssignale soll einstellbar sein.

Schaltungskonzept und Schaltungsausführung

Akustische Signale können mit Hilfe von Mikrofonen in elektrische Signale umgewandelt werden. Im einfachsten Fall läßt sich auch ein Lautsprecher als elektrodynamisches Mikrofon einsetzen, Bild 26. Treffen Schallstöße auf ein Mikrofon, so werden in diesem kleine Spannungsimpulse erzeugt. Um mit den relativ kleinen Spannungsimpulsen die integrierte Schaltung 555 triggern zu können, muß am Triggereingang (Anschluß 2) schon eine Vorspannung vorhanden sein, die noch knapp über der Eingangsspannungsschwelle von $U_E \approx 1/3\ U_B$ liegt (vgl. Seite 26). Kommen nun zu dieser Vorspannung die negativen Anteile der Spannungsimpulse vom Mikrofon hinzu, so wird die Triggerschaltschwelle unterschritten und der IC in den Arbeitszustand geschaltet. Zur Vorspannungserzeugung dient in der Schaltung von Bild 27 ein einstellbarer Spannungsteiler. Das Mikrofon liegt zwischen dem Potentio-

Bild 26 Experimentieraufbau eines akustischen Schalters mit einem IC 555. (Der Kleinlautsprecher dient als Mikrofon)

meterabgriff und dem Triggeranschluß 2 des IC 555. Die flankierenden Widerstände R_1 und R_2 am Potentiometer R_E teilen die Betriebsspannung grob im Verhältnis 2 zu 1. Mit dem Potentiometer erfolgt die Feineinstellung im Hinblick auf die gewünschte Eingangsempfindlichkeit.

Speicherung eines kurzen Befehls für beliebige Zeiten

Im Schaltungsvorschlag nach Bild 27 besitzt der IC 555 wegen der angeschlossenen RC-Kombination das Verhalten eines Monoflops; das Ausgangssignal wird nach Ablauf der Verweilzeit von selbst abgeschaltet.

Will man den Arbeitszustand, der durch einen kurzen akustischen Impuls ausgelöst wurde, für beliebige Zeit speichern, so ist die externe RC-Kombination einfach wegzulassen. Die Anschlüsse 7 und 6 bleiben in diesem Fall unbeschaltet. Zum Rückstellen der Schaltung in den Ausgangszustand ist dann eine Reset-Taste zwischen Anschluß 4 des IC 555 und Masse zu schalten.

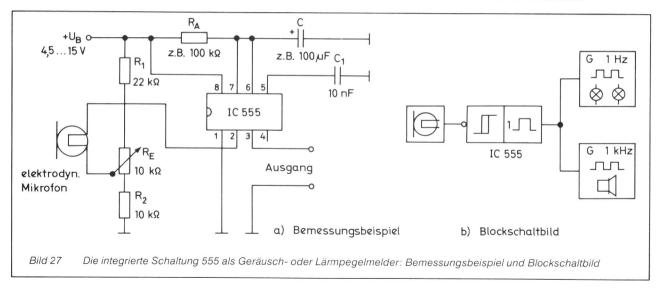

Bild 27   Die integrierte Schaltung 555 als Geräusch- oder Lärmpegelmelder: Bemessungsbeispiel und Blockschaltbild

Alarmschaltung mit Alarmzeitbegrenzung

Problemstellung

Einbruch-Alarmanlagen für Kraftfahrzeuge und Gebäude sollen zwar Aufmerksamkeit erregen, aber den Anliegern nicht unnötig lange auf die Nerven fallen. Deswegen, das ist behördlich vorgeschrieben, soll ein Alarmgeber nach etwa einer halben Minute von selbst abschalten, auch wenn die Anlage insgesamt noch nicht wieder in den Ruhezustand versetzt werden konnte, Bild 28.

Der Timer 555 als Monoflop mit dynamischer Ansteuerung

Damit der Timer 555 auch bei länger anstehendem Eingangssignal nicht über die Verweilzeit hinaus ein Ausgangssignal abgibt (vgl. Bild 5d), muß er eine Eingangsbeschaltung nach Bild 29 erhalten. Die Schaltung arbeitet dann im ganzen folgendermaßen:
Wenn der Eingang E der Schaltung vom Pluspotential auf Nullpotential geschaltet wird, so wird der Triggereingang des IC über den Kondensator C_1 kurzzeitig auf Null gesetzt, der Timer also getriggert. C_1 lädt sich jedoch schnell auf, so daß der Triggeranschluß 2 über R_1 anschließend Pluspotential erhält, auch wenn der Schaltungseingang E weiterhin mit dem Nullpotential verbunden bleibt. Eine neue Triggerung könnte nach Ablauf der Verweilzeit jeweils erst dann wieder erfolgen, wenn der Eingang E wieder von Plus- auf Nullpotential geschaltet wird.

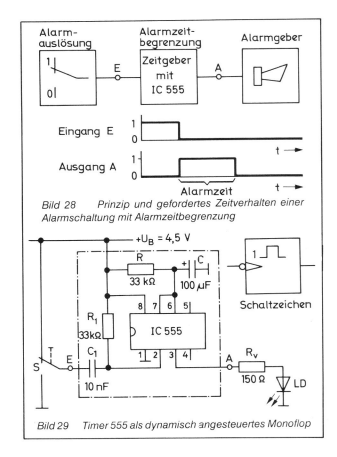

Bild 28 Prinzip und gefordertes Zeitverhalten einer Alarmschaltung mit Alarmzeitbegrenzung

Bild 29 Timer 555 als dynamisch angesteuertes Monoflop

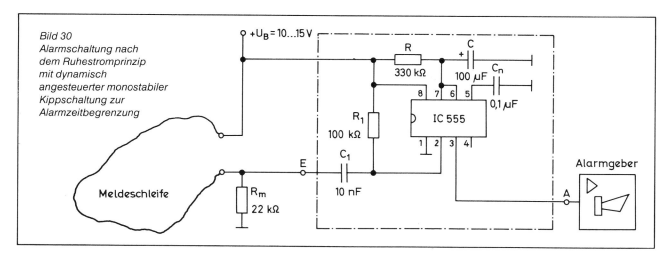

Bild 30
Alarmschaltung nach dem Ruhestromprinzip mit dynamisch angesteuerter monostabiler Kippschaltung zur Alarmzeitbegrenzung

Man nennt diese Art der Ansteuerung einer Kippschaltung „dynamische Ansteuerung", im Gegensatz zur „statischen Ansteuerung", bei der auch langsame Signaländerungen oder Dauersignale steuernd wirken. Bild 29 enthält das digitaltechnische Schaltzeichen für ein monostabiles Kippglied mit dynamischer Ansteuerung durch 1-0-Signalwechsel.

Alarmschaltung mit dynamisch angesteuertem Monoflop
In der Regel arbeiten Alarmanlagen nach dem Ruhestromprinzip, d. h. die Meldeschleifen oder -kontakte sind im Ruhezustand stromdurchflossen. Jede Stromunterbrechung bedeutet Alarm.
Wenn in der Alarmschaltung nach Bild 30 die Meldeschleife unterbrochen wird, wechselt der Schaltungseingang E über R_m vom Plus- auf Nullpotential, so daß der Triggeranschluß des IC über den Kondensator C_1 kurzzeitig auf Nullpotential geschaltet wird. Der Zeitgeber wird dadurch getriggert. C_1 lädt sich den geänderten Anschlußverhältnissen entsprechend auf, so daß der Triggeranschluß 2 danach über R_1 auf Pluspotential liegt. Die Zeitgeber-Verweilzeit kann normal ablaufen; ein Alarm bleibt zeitlich begrenzt.

Lauflichtschaltung mit einer Kette von Monoflops

Problemstellung

Bei einer Lauflichtschaltung soll in einer Kette von Lampen jeweils eine nach der anderen aufleuchten, so daß der Eindruck eines in eine Richtung wandernden Lichtes entsteht, Bild 31.
Lauflichter sind aus der Leuchtwerbung und aus der Verkehrslenkung an Straßenbaustellen bekannt. Aber auch für den privaten Bereich gibt es Anwendungsmöglichkeiten. Sicherlich erregt man als Hobby-Elektroniker Aufmerksamkeit und Bewunderung bei seinen Gästen, wenn man ein Lauflicht als Wegweiser zur Party im Garten oder im Keller installiert hat.

Schaltungskonzept

Lauflichtschaltungen lassen sich auf verschiedene Weise realisieren. Im folgenden wird eine Schaltung beschrieben, die aus gleichartigen in Reihe geschalteten Monoflop-Stufen besteht. Jede Stufe enthält einen integrierten Timer 555, so daß der Aufwand an einzelnen Bauelementen gering bleibt.

Weitere Vorteile dieses Schaltungskonzeptes sind: In weitem Rahmen wählbare Zahl der Einzelstufen der Lauflichtkette. Flexibilität bei der Installation, da keine Zentralsteuerung vorhanden ist und jede Lampenstufe über 4 Leitungsadern mit der nächsten Stufe verbunden wird. „Serienfertigung" der Einzelstufen, da sie alle gleich aufgebaut sind.

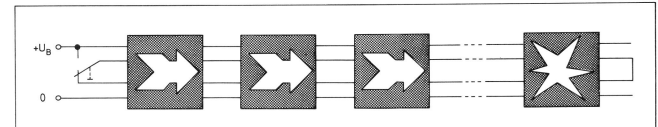

Bild 31
Die Glieder der Lauflichtkette sind durch 4 Leitungen miteinander verbunden. Sie haben alle die gleiche Innenschaltung.

Dynamisch angesteuerte Monoflops als Lauflicht-Kettenglieder

Damit in der Lauflichtschaltung jeweils nur eine Lampe nach der anderen aufleuchtet, müssen für die einzelnen Schaltstufen Monoflops mit dynamischer Ansteuerung verwendet werden, Bild 32.

Dynamische Ansteuerung bedeutet bekanntlich, daß nicht ein Dauersignal, sondern nur ein Signalwechsel zum Ansteuern eines Schaltgliedes verwendet wird, vgl. auch die Seiten 30 und 31.

In der Lauflichtschaltung ist jeweils der Ausgang eines Monoflops mit dem Eingang des nächsten Monoflops verbunden; auch das letzte und das erste Monoflop der Lauflichtkette sind in dieser Weise zusammengeschaltet. Wenn die Lauflichtschaltung ordnungsgemäß arbeitet, ist jeweils nur ein Monoflop im Arbeitszustand und nur die an seinem Ausgang liegende Lampe leuchtet. Nach Ablauf der Verweilzeit kippt das Monoflop in den Ruhezustand. An seinem Ausgang wechselt das Signal von 1 auf 0; die Lampe verlöscht. Durch den Signalwechsel wird das folgende Monoflop in den Arbeitszustand versetzt. Dessen Lampe leuchtet nun eine Verweilzeit lang. Danach wird das nächste Monoflop getriggert und so fort. Da das letzte Monoflop der Kette das erste ansteuert, wiederholt sich der Signaldurchlauf fortwährend.

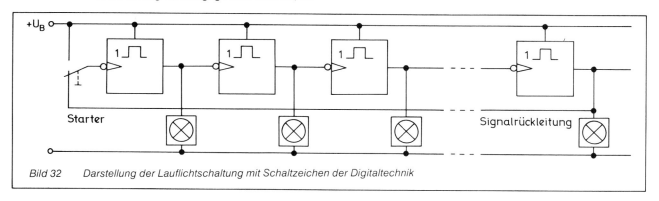

Bild 32   Darstellung der Lauflichtschaltung mit Schaltzeichen der Digitaltechnik

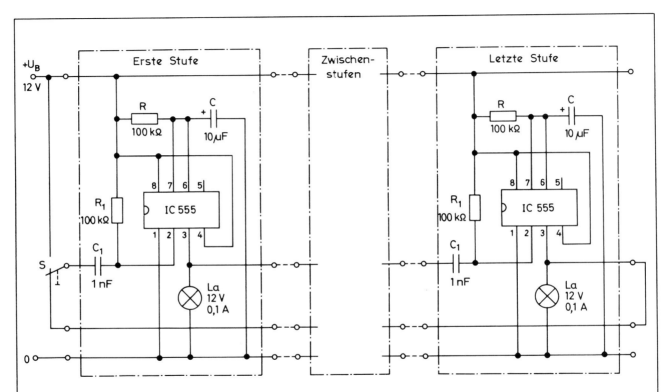

Bild 33 Wirkschaltplan der Lauflichtschaltung. An der ersten Stufe ist der Startschalter angeschlossen; an der letzten Stufe ist der Ausgangsanschluß mit der Rückleitung verbunden

Anschluß- und Betriebsbedingungen

Die Lauflichtschaltung kann mit Gleichspannung zwischen 4,5 V und 15 V betrieben werden, weil die in den Monoflopstufen verwendeten integrierten Bausteine 555 für diesen Betriebsspannungsbereich ausgelegt sind. An den Ausgang des IC können Lämpchen direkt angeschlossen werden, sofern sie der Betriebsspannung angepaßt sind und nicht mehr als 200 mA Strom fließen lassen.
Der Gesamtspeisestrom der Schaltung richtet sich nach der Anzahl der Lichtkettenglieder und der Stromstärke, die eine Lampe benötigt.

Beispiel: Wie groß ist der Speisestrom für eine Lauflichtkette mit 15 Gliedern, die an eine Betriebsspannung von 12 V angeschlossen ist und die Lampen mit den Werten 12 V/0,2 A schalten soll?

Lösung: Ein IC 555 nimmt bei 12 V einen Speiseruhestrom von 8 mA auf. Alle 15 Schaltstufen zusammen benötigen 15 · 8 mA = 120 mA Ruhestrom. Hinzu kommt eine Stromstärke von 200 mA für die Lampe, die gerade leuchtet. Insgesamt wird somit ein Speisestrom von 120 mA + 200 mA = 320 mA benötigt.
Der Schaltungsaufbau der einzelnen Monoflopstufen ist aus Bild 33 ersichtlich. Zu beachten ist, daß der Ausgangsanschluß (3) des letzten Monoflops über eine Rückleitung und einen Schalter mit dem Eingang des ersten Monoflops verbunden wird.

Inbetriebnahme der Lauflichtschaltung

Bei der Inbetriebnahme der fertigen Schaltung ist folgendes zu beachten, damit sie wunschgemäß arbeitet: Wenn die Betriebsspannung angelegt wird, werden die Lampen eventuell unregelmäßig aufflackern, weil sich die zeitbestimmenden Kondensatoren an den integrierten Schaltungen nicht ganz gleichzeitig aufladen. Zur „Beruhigung" der Schaltung wird der Schalter S so lange gedrückt, bis alle Lampen verlöscht sind. Dann nämlich erhalten alle Zeitgebereingänge über die Widerstände R_1 Pluspotential und befinden sich in Ruhestellung. Alle Ausgänge führen Nullpotential. Die Kondensatoren C_1 trennen Ausgänge und Eingänge galvanisch. Wenn dann Schalter S losgelassen wird, wird die erste Monoflopstufe über den Kondensator C_1 und die Rückleitung mit dem Nullpotential am letzten Monoflopausgang verbunden. Für den ersten Monoflopeingang bedeutet dies einen Signalwechsel von 1 auf 0. Es wird in den Arbeitszustand versetzt. Die erste Lampe leuchtet. Nach Ablauf der ersten Verweilzeit wird das zweite Monoflop getriggert, später das folgende usw.

Verweilzeitbestimmung

Die Verweilzeitdauer einer Monoflopstufe wird in bekannter Weise durch die RC-Kombination an dem IC 555 festgelegt. Mit den Werten für R und C in Bild 33 ergibt sich für jede Lampe eine Leuchtdauer von etwa 1 Sekunde. Man kann nach Belieben variieren.

Schaltungsänderungen

Sollen Lampen betrieben werden, die eine größere Stromstärke als 200 mA benötigen, so muß jede Schaltstufe der Lauflichtkette einen Leistungstransistor als Lampentreiber erhalten. Bild 34 zeigt eine erweiterte Schaltstufe zur Ansteuerung von Autolampen mit den Werten 12 V/10 W. Man kann die Anlage z. B. im Freien viele Stunden lang aus einer 12-V-Autobatterie versorgen.

Aber nicht nur die Stärke der einzelnen Lampen, sondern auch die Anzahl der Lampen pro Schaltstufe sowie die äußere räumliche Anordnung der Lampen lassen sich vielfältig variieren. Bild 35a zeigt z. B. eine Anordnung von 12 Lampen im Kreis. Man erhält mit dieser Anordnung ein „rotierendes Licht".

Bild 35b zeigt eine sternförmige Anordnung der Lampen. Und zwar sind je 6 in Reihe geschaltete 2,5-V-Lampen in konzentrischen Kreisen gruppiert. Das Licht „bewegt" sich hier von innen nach außen. Wenn 2,5-V-Taschenlämpchen mit einer Stromaufnahme von 0,2 A verwendet werden, können je 6 Lampen in Reihe von einem IC 555 direkt geschaltet werden. Die Betriebsspannung soll dann 15 V betragen.

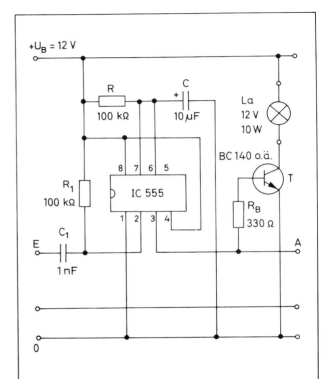

Bild 34   Lauflicht-Schaltstufe mit Treibertransistor für leistungsstärkere Lampen

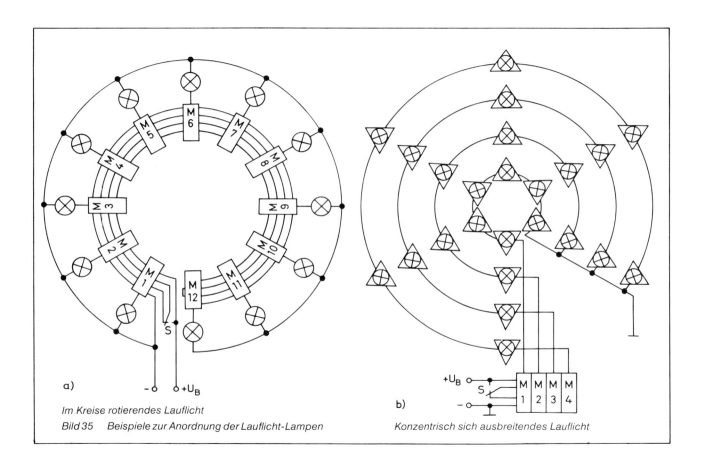

Im Kreise rotierendes Lauflicht

Bild 35 Beispiele zur Anordnung der Lauflicht-Lampen

Konzentrisch sich ausbreitendes Lauflicht

Die integrierte Schaltung 555 als Impulsgenerator

Die Impulsgenerator-Grundschaltung mit dem IC 555

Die integrierte Zeitgeberschaltung 555 kann mit wenigen externen Bauelementen und entsprechender Beschaltung als Impulsgenerator für Rechteckimpulse betrieben werden, Bild 36. Die Schaltung arbeitet bei Betriebsspannungen zwischen 4,5 V und 15 V. Über den Reseteingang des IC 555 läßt sich der Impulsgenerator starten und stoppen. Bild 37 enthält den Schaltungsvorschlag für eine Experimentierschaltung, mit der man die Arbeitsweise des IC 555 als Impulsgenerator überprüfen kann:
Die Betriebsspannung wird in üblicher Weise an die Anschlüsse 8 und 1 geführt. Als Signalausgang für die Rechteckimpulse dient Anschluß 3 der integrierten Schaltung. Zur Signalanzeige beim Experimentieren wird eine Leuchtdiode mit Strombegrenzungswiderstand angeschlossen.
Die Taktfrequenz wird bestimmt durch die Widerstände R_A und R_B und den Kondensator C. In der abgebildeten Experimentierschaltung sind die Werte dieser Bauelemente so bemessen, daß sich eine niedrige Taktfrequenz von etwa 1 Impuls pro Sekunde für das Ausgangssignal ergibt.
Wählt man eine größere Kondensatorkapazität, so wird die Impulsfrequenz noch niedriger. Verwendet man eine kleinere Kapazität, so erhöht sich die Impulsfrequenz.
Auch bei einer Vergrößerung der Widerstandswerte von R_A und R_B wird die Impulsfrequenz niedriger und bei einer Verkleinerung der Widerstandswerte höher. Hervorzuheben ist hierbei, daß die Länge der einzelnen Impulse vom Gesamtwert der Widerstände R_A und R_B bestimmt wird, während die Pause zwischen zwei Impulsen allein vom Widerstand R_B abhängig ist.
Die Werte von R_A, R_B und C sind in weiten Bereichen wählbar. Bei Widerstand R_A sollte allerdings ein Mindestwert von etwa 100 Ω nicht unterschritten werden, weil sonst ein zu großer Strom durch die integrierte Schaltung zur Masse fließen würde. Über Anschluß 4, den Reseteingang des IC 555, kann der Impulsgenerator gestoppt werden, ohne daß die Betriebsspannung abgeschaltet werden muß. Der Anschluß 5 bleibt bei den ersten Experimenten zunächst unbeschaltet. Über diesen Anschluß kann, wie später noch erläutert wird, die Impulsfrequenz verändert werden.

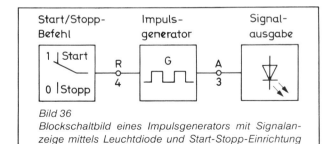

Bild 36
Blockschaltbild eines Impulsgenerators mit Signalanzeige mittels Leuchtdiode und Start-Stopp-Einrichtung

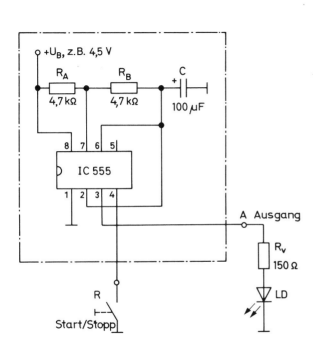
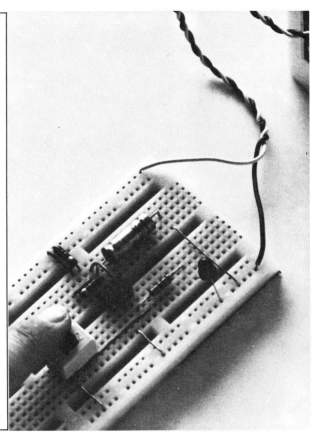

Bild 37
Experimentierschaltung zum Untersuchen der Arbeitsweise des IC 555 als Impulsgenerator:
a) Anschlußplan,
b) Aufbaubeispiel auf einer Steckkarte.

Bestimmung der Impulsfrequenz

Die Periodendauer T eines einzelnen Impulstaktes setzt sich zusammen aus der Dauer eines Impulses t_i und der Dauer einer Impulspause t_p.

$$T = t_i + t_p$$

Die Impulsdauer t_i wird bestimmt durch die Widerstände R_A und R_B und die Kapazität C.
Sie errechnet sich nach der Gleichung

$$t_i = 0{,}7 \cdot C \cdot (R_A + R_B)$$

Eine Impulspause ist abhängig vom Widerstand R_B und der Kapazität C.
Sie errechnet sich nach der Gleichung

$$t_p = 0{,}7 \cdot C \cdot R_B$$

Da die Periode eines Impulstaktes aus einem Impuls und einer Impulspause gebildet wird, läßt sich die Periodendauer zusammenfassend nach folgender Gleichung berechnen

$$T = 0{,}7 \cdot C \cdot (R_A + 2R_B)$$

Die Frequenz f ist der Kehrwert der Periodendauer T. Es gilt also

$$f = \frac{1}{T} \quad \text{bzw.} \quad f = \frac{1}{0{,}7 \cdot C \cdot (R_A + 2R_B)}$$

Alle angeführten Gleichungen sind in Bild 38 zusammengestellt.

Im folgenden noch ein Berechnungsbeispiel:
Zur Beschaltung eines IC 555 als Impulsgenerator seien folgende Werte für die externen Bauelemente vorgegeben:
$R_A = 4{,}7\ k\Omega$, $R_B = 3{,}3\ k\Omega$, $C = 47\ \mu F$

Berechnet werden sollen die Impulsdauer t_i, die Impulspause t_p, die Periodendauer T und die Impulsfrequenz f.

Impulsdauer t_i
$t_i = 0{,}7 \cdot C \cdot (R_A + R_B)$
$t_i = 0{,}7 \cdot 47\ \mu F \cdot (4{,}7\ k\Omega + 3{,}3\ k\Omega)$
$t_i = 0{,}26\ s$

Impulspause t_p
$t_p = 0{,}7 \cdot C \cdot R_B$
$t_p = 0{,}7 \cdot 47\ \mu F \cdot 3{,}3\ k\Omega$
$t_p = 0{,}11\ s$

Periodendauer T
$T = t_i + t_p$
$T = 0{,}26\ s + 0{,}11\ s$
$T = 0{,}37\ s$

Frequenz f
$f = \dfrac{1}{T}$
$f = \dfrac{1}{0{,}37\ s}$
$f = 2{,}7\ Hz$

Wenn man für die Widerstände R_A und R_B gleiche Werte wählt, so vereinfachen sich die Gleichungen zur Berechnung der Periodendauer und Frequenz folgendermaßen:

$$R_A = R_B = R$$
$$T = 2{,}1 \cdot C \cdot R$$
$$f = \frac{1}{2{,}1 \cdot C \cdot R}$$

Wenn R_A gleich R_B ist, so ist die Impulsdauer doppelt so groß wie die Impulspause:

$$t_i = 1{,}4 \cdot C \cdot R$$
$$t_p = 0{,}7 \cdot C \cdot R$$

Bei der Frequenzberechnung sollte bedacht werden, daß sich im praktischen Betrieb der Impulsgeneratorschaltung Abweichungen zwischen den errechneten und den tatsächlichen Werten herausstellen werden. Diese Abweichungen beruhen auf den Wertetoleranzen der verwendeten Bauelemente zur Frequenzeinstellung. Werden z. B. billige Kohleschichtwiderstände mit einer Werttoleranz von 20 % und ein einfacher Elektrolytkondensator verwendet, so wird die Abweichung zwischen errechnetem und tatsächlichem Frequenzwert zwangsläufig größer sein als wenn präzise gefertigte Metallschichtwiderstände mit einer Werttoleranz von nur 0,5 % und ein hochwertiger Folienkondensator verwendet werden.

Die anzustrebende Genauigkeit wird sich nach den Anforderungen des praktischen Anwendungsfalls richten.

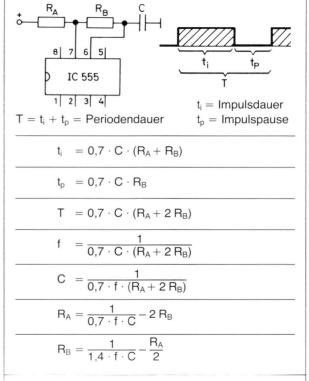

Bild 38 Gleichungen zur Frequenzbestimmung beim Timer-555-Impulsgenerator

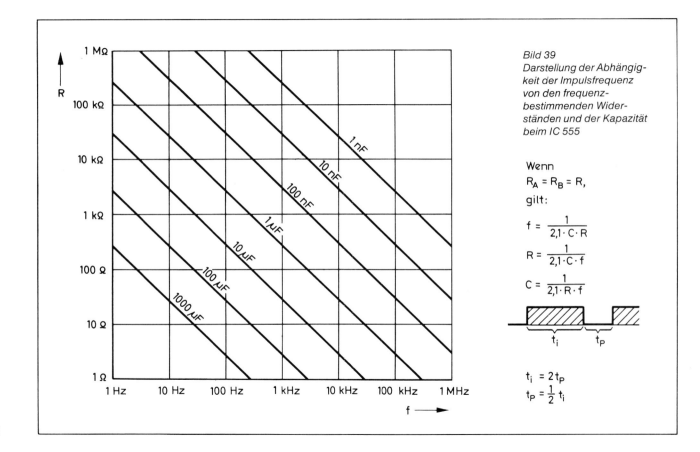

Bild 39
Darstellung der Abhängigkeit der Impulsfrequenz von den frequenzbestimmenden Widerständen und der Kapazität beim IC 555

Nomogramm zur Bestimmung von R, C und f

Bild 39 enthält ein Nomogramm, das einen Überblick über die Größenverhältnisse von Impulsfrequenz, Kondensatorkapazität und Widerstandswerten zueinander gibt.
Das Nomogramm gilt für den Fall, daß der Widerstand R_A und der Widerstand R_B gleich groß sind.
Aus dem Nomogramm läßt sich ablesen, daß sich z.B. eine Impulsfrequenz von 1 kHz mit den externen Bauelementen $C = 1\,\mu F$, $R_A = R_B = 480\,\Omega$ ebenso erzielen läßt wie mit den Werten $C = 10\,nF$, $R_A = R_B = 48\,k\Omega$.

Anmerkungen zur inneren Funktion des IC 555 als Impulsgenerator

Die Kenntnis der in diesem Abschnitt folgenden Anmerkungen ist für den praktischen Einsatz des IC 555 als Impulsgenerator nicht unbedingt erforderlich. Für interessierte Leser soll hier aber erläutert werden, wie der IC 555 zusammen mit den externen Bauelementen prinzipiell als Impulsgenerator arbeitet, Bild 40.
Der externe Kondensator C wird über die externen Widerstände R_A und R_B aufgeladen. Während des Aufladevorgangs ist der Transistor T, der sich im Innern der integrierten Schaltung befindet und mit seinem Kollektor an Anschluß 6 liegt, gesperrt. Erreicht die Kondensatorspannung $^2/_3$ des Wertes der Betriebsspannung, so wird der Transistor T durch eine Vergleicherschaltung in dem IC 555 auf Durchlaß geschaltet. Der Anschluß 6 wird dadurch direkt mit Masse (Anschluß 1) verbunden, so daß sich der Kondensator über R_B entlädt.
Ist die Kondensatorspannung auf $^1/_3$ des Wertes der Betriebsspannung abgesunken, so wird dies von einer zweiten Vergleicherschaltung in dem IC ausgewertet, indem der Transistor T wieder gesperrt wird. Nun kann sich der Kondensator C über die Widerstände R_A und R_B erneut bis auf $^2/_3$ des Spannungswertes von U_B aufladen, ehe er sich wieder entlädt und so fort.
Die Vergleichsspannungswerte $^2/_3\,U_B$ und $^1/_3\,U_B$, bei denen jeweils das Umschalten des Lade- oder Entladevorgangs beim Kondensator erfolgt, werden in dem IC 555 durch einen Spannungsteiler erzeugt, der aus drei Widerständen besteht. Da sich bei Betriebsspannungsänderungen auch die Schwellenspannungswerte verhältnisgleich verändern, bleibt die Impulsfrequenz auch bei Betriebsspannungsänderungen konstant.
Die Ausgangsstufe des IC 555 schaltet den Ausgangsanschluß 3 jeweils so lange an das Pluspotential der Betriebsspannung, wie der Transistor T gesperrt ist und die Kondensatorspannung ansteigt. Wenn hingegen der Transistor durchgeschaltet ist und der Kondensator entladen wird, so ist der Ausgangsanschluß 3 intern mit dem Massepotential verbunden. Das Umschalten der Ausgangsstufe erfolgt jeweils schlagartig, so daß am Ausgangsanschluß 3 eine Rechteckimpulsspannung abgegriffen werden kann.

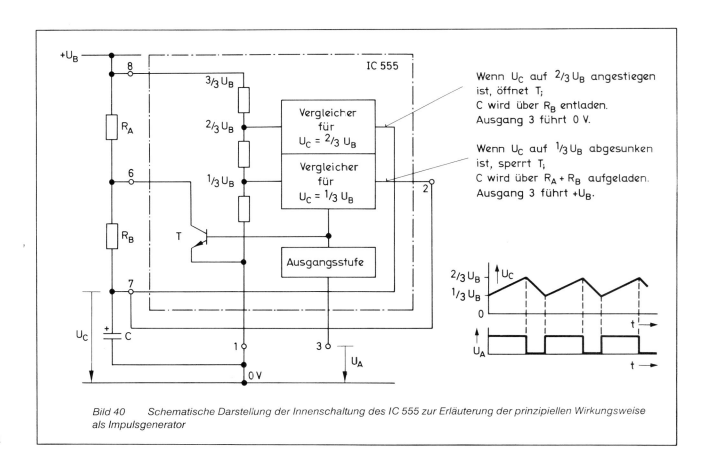

Bild 40   Schematische Darstellung der Innenschaltung des IC 555 zur Erläuterung der prinzipiellen Wirkungsweise als Impulsgenerator

Blinkschaltungen mit dem IC 555 als Taktgeber

Intermittierende Lichtsignale sind viel auffälliger als Dauerlichtsignale. Deswegen werden Blinklichter auch millionenfach z. B. im Straßenverkehr, in der Leuchtwerbung und in Sicherheits- und Überwachungseinrichtungen eingesetzt.

Im folgenden werden einige Schaltungsvorschläge für Blinkschaltungen angeführt. In allen Fällen dient die integrierte Schaltung 555 als einfacher, zuverlässig arbeitender Taktgenerator, der verschiedene Leuchteinrichtungen ansteuern kann.

Bild 41 zeigt die bekannte Grundschaltung des IC 555 als Taktgeber. Die externen Bauelemente sind so bemessen, daß sich eine Taktfrequenz von etwa 1 Hz ergibt. Da die beiden frequenzbestimmenden Widerstände R_A und R_B gleich groß gewählt wurden, ist das Impulsdauer-Impulspausen-Verhältnis 2:1. Die Leuchtdauer der Blinklampe ist also doppelt so lang wie die Leuchtpause.

Da der Ausgang des IC 555 eine Stromstärke bis 200 mA führen darf, können kleine Lampen direkt angeschlossen werden. Zu beachten ist, daß die Nennspannung der Lampen der Betriebsspannung der Blinkschaltung entsprechen muß, die für den IC 555 bekanntlich zwischen 4,5 V und 15 V gewählt werden kann. Außerdem muß der Nennstrom der direkt angeschlossenen Lampen kleiner als 200 mA sein, weil jeweils der Einschaltstrom wegen des kalten Glühdrahtes um einiges größer als der Nennstrom ist.

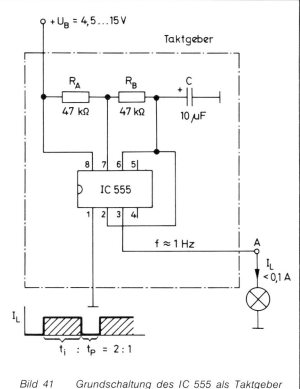

Bild 41   Grundschaltung des IC 555 als Taktgeber für Blinklichter

Falls der Wunsch besteht, daß bei den Blinksignalen die Impulspause genau so groß wie die Impulsdauer sein soll, so kann dies recht einfach mit Hilfe einer Gleichrichterdiode erreicht werden, wie Bild 42 zeigt. Die Diode wird parallel zum Widerstand R_B geschaltet. Sie wird so gerichtet, daß während der Auflagung des Kondensators C jeweils nur der Widerstand R_A wirksam ist. R_B ist während des Aufladevorgangs überbrückt. Die Aufladung des Kondensators C dauert aufgrund dieser Schaltungsmaßnahme nun jeweils die gleiche Zeit wie die Entladung. Unter der Voraussetzung, daß die Widerstände R_A und R_B gleich groß sind, errechnet sich die Blinkfrequenz für diesen Fall nach der Gleichung

$$f = \frac{1}{1{,}4 \cdot R_A \cdot C} \qquad R_A = R_B$$

Gleiche Zeiten für Impulse und Impulspausen sind vor allem dann wünschenswert, wenn Wechselblinklichter betrieben werden sollen, wenn also zwei Lampen abwechselnd aufleuchten sollen. Bild 43 zeigt einige Schaltungsvarianten von Wechselblinklichtern, die alle von dem gleichen IC-555-Taktgeber angesteuert werden können, der in Bild 42 enthalten ist.

Bei diesen Wechselblinkschaltungen arbeitet der Taktgeber im Prinzip wie ein Umschaltkontakt, der am Ausgang A entweder das Pluspotential der Betriebsspannung oder das Nullpotential führt (siehe Beispiel a in Bild 43).

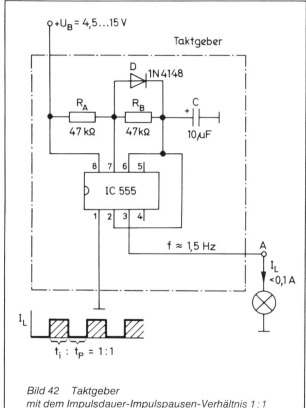

Bild 42   Taktgeber mit dem Impulsdauer-Impulspausen-Verhältnis 1:1

Auf diese Weise wird nur immer eine der beiden Lampen vom Strom durchflossen, weil nur jeweils eine zwischen Plus- und Nullpotential liegt. Die Anschlüsse der anderen Lampe hingegen liegen jeweils auf gleichem Potential, so daß durch diese Lampe kein Strom fließen kann. Auch bei dieser Gegentaktansteuerung erhält jede Lampe die volle Betriebsspannung, abgesehen von einem kleinen Spannungsabfall in der integrierten Schaltung.

Für kleine Blinklichter, die keine große Reichweite überwinden sollen, können statt der Lampen selbstverständlich auch Leuchtdioden verwendet werden. Über Strombegrenzungswiderstände, die bei Leuchtdioden stets erforderlich sind, können die Leuchtdioden ebenfalls direkt an den Taktgeberausgang, Anschluß 3, geschaltet werden, wie Beispiel b in Bild 43 zeigt. Es ist auf die richtige Polung der Leuchtdioden zu achten.

Beispiel c in Bild 43 zeigt eine Möglichkeit, Lampen mit geringerer Nennspannung an eine höhere Betriebsspannung anzuschließen, z. B. zwei 6-V-Lampen in Reihe an 12 V. Man hat damit mehrere Lampen zur Verfügung, die man gegebenenfalls zu verschiedenen Blinkmustern anordnen kann.

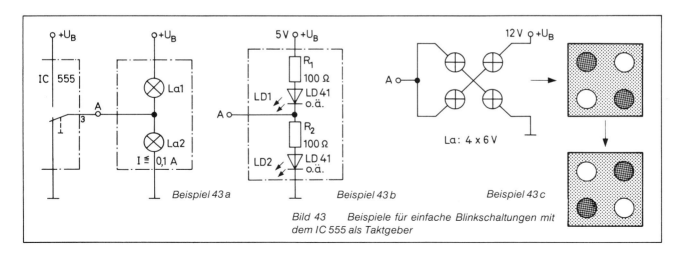

Beispiel 43 a *Beispiel 43 b* *Beispiel 43 c*

Bild 43   Beispiele für einfache Blinkschaltungen mit dem IC 555 als Taktgeber

Im Schaltungsbeispiel d, Bild 43, werden leistungsstärkere Lampen, die man wegen der erforderlichen höheren Stromstärke nicht mehr direkt an den IC-555-Impulsgenerator anschließen kann, über Leistungs-Schalttransistoren angesteuert. Damit die Lampen im Gegentakt aufleuchten können, müssen komplementäre Transistoren, also ein NPN-Typ und ein passender PNP-Typ, verwendet werden.

Beispiel e (Bild 43) schließlich weist auf die Möglichkeit hin, die Blinklampen an Wechselspannung zu betreiben. Ein Relais kann hierbei gleichzeitig als Schaltverstärker dienen und die galvanische Trennung von Gleich- und Wechselstromkreis übernehmen. Die sogenannte „Freilaufdiode" FD parallel zur Relaiswicklung soll Überspannungen verhüten, die sonst beim Abschalten der Wicklung auftreten würden und die integrierte Schaltung gefährden könnten.

Sollen Lampen an Netzwechselspannung betrieben werden, so ist ganz besonders auf die vorschriftsmäßige Isolation der gesamten Einrichtung zu achten.

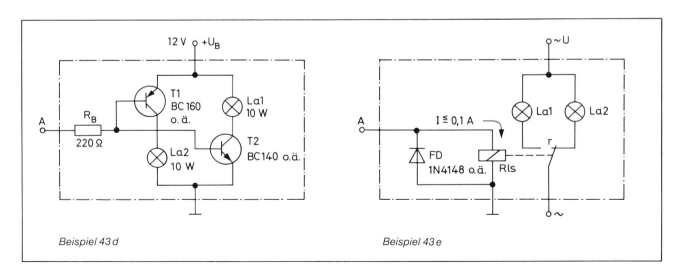

Beispiel 43 d *Beispiel 43 e*

Taktgeberschaltung mit getrennter Impulsdauer- und Impulspauseneinstellung

Wenn zwei dynamisch ansteuerbare Monoflops so miteinander verkoppelt werden, daß jeweils der Eingang des einen Monoflops mit dem Ausgang des anderen verbunden ist, so entsteht ein Impulsgenerator, Bild 44.
Im Ruhezustand des Taktgenerators, wenn Schalter S geöffnet ist, liegt an den beiden Monoflop-Ausgängen 0-Signal. Wenn der Schalter S geschlossen wird, wird zunächst MF I getriggert. Sobald MF I wieder in den Ruhezustand zurückkehrt und das Signal an seinem Ausgang A1 von 1 auf 0 wechselt, wird MF II getriggert. Wenn dieses wieder in den Ruhezustand kippt, wird MF I erneut getriggert und so fort.
Wenn, wie in Bild 44 dargestellt, die Impulse am Ausgang A2 der Taktgeneratorschaltung abgegriffen werden, so ist das Monoflop MF I zuständig für die Impulspause t_p und das Monoflop MF II für die Impulsdauer t_i. Beide Verweilzeiten zusammen ergeben die Periodendauer T eines Impulses:

$$T = t_i + t_p; \quad f = \frac{1}{T}.$$

Die angeführte Taktgeberschaltung bietet die Möglichkeit, die Länge der Impulse und der Impulspausen unabhängig voneinander einzustellen. Bild 45 zeigt einen Schaltungsvorschlag für einen solchen Impulsgeber, ausgeführt mit

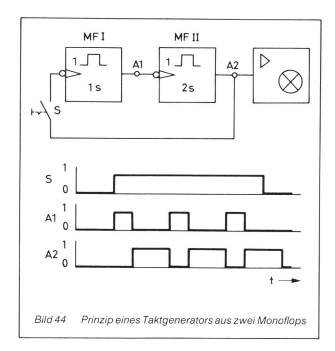

Bild 44 Prinzip eines Taktgenerators aus zwei Monoflops

zwei integrierten Schaltungen vom Typ 555, die als dynamisch ansteuerbare Monoflops geschaltet sind. Mit den in der Schaltung angegebenen Werten für die zeitbestimmenden Schaltglieder R_{tp}, C_p und R_{ti}, C_i lassen sich die Zeiten für die Impulse sowie für die Impulspausen zwischen etwa 11 ms und 11 s separat einstellen.

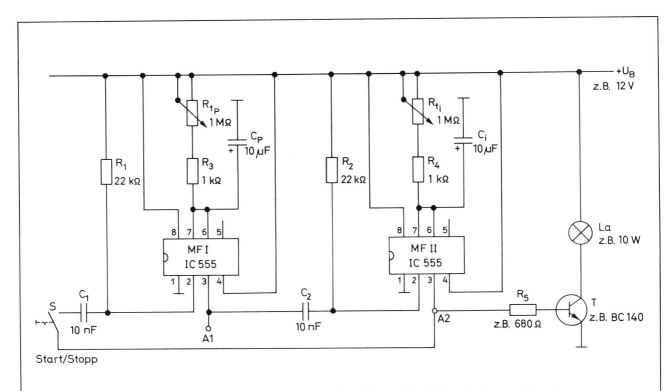

Bild 45 Gesamtschaltung eines Taktgebers mit getrennt einstellbaren Zeiten für Impulsdauer und Impulspause
Zwei IC 555 arbeiten als Monoflops im Wechselspiel

Tonsignalgeber mit dem IC 555

Nur 5 preiswerte Bauelemente sind erforderlich, um mit der integrierten Schaltung 555 einen einfachen Tonsignalgeber aufzubauen. Als Schaltung eignet sich die bekannte Taktgeber-Grundschaltung mit dem IC 555. Die frequenzbestimmenden Bauelemente sind nur so zu bemessen, daß sich die gewünschte Tonsignalfrequenz ergibt.

Bild 46 enthält eine Schaltung, die eine Tonfrequenz von etwa 1000 Hz erzeugt. Bei der gewählten niedrigen Betriebsspannung von 5 V läßt sich ein relativ hochohmiger Kleinlautsprecher, der mit den Werten 60 Ω/0,2 W im Fachhandel erhältlich ist, direkt über den Ausgangsanschluß 3 des IC 555 betreiben. Die Schalleistung reicht aus, um für geschlossene Räume ein unüberhörbares Signal zu erzeugen.

Zur Berechnung der frequenzbestimmenden Bauelemente für beliebige Tonfrequenzen sind alle Gleichungen für die Taktgeber-Grundschaltung anwendbar (s. auch Bild 38):

$$C = \frac{1}{0{,}7 \cdot f \cdot (R_A + 2\,R_B)}$$

$$R_A = \frac{1}{0{,}7 \cdot f \cdot C} - 2\,R_B$$

$$R_B = \frac{1}{1{,}4 \cdot f \cdot C} - \frac{R_A}{2}$$

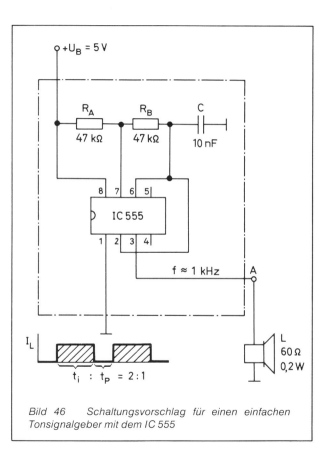

Bild 46   Schaltungsvorschlag für einen einfachen Tonsignalgeber mit dem IC 555

Wenn ein Tonsignalgeber z. B. in einem batteriebetriebenen Gerät eingesetzt werden soll, ist jede Energieeinsparung begrüßenswert. Bild 47 zeigt die Tongeber-Grundschaltung mit einer Abänderung, die der Energieeinsparung dient, ohne daß die abgegebene Schalleistung wesentlich beeinträchtigt wird.

Durch die unterschiedliche Bemessung der zeitbestimmenden Widerstände R_A und R_B sowie durch das Parallelschalten einer Gleichrichterdiode D zum Widerstand R_A wird erreicht, daß der Lautsprecher bei jedem Taktimpuls nur relativ kurzzeitig stromdurchflossen ist. Die Dauer eines Impulses ist also gegenüber der Dauer einer Impulspause relativ kurz. Die Verlustenergie, die während des Stromflusses im Lautsprecher in Form von Wärme entsteht, wird somit reduziert. Für die Schallerzeugung kommt es nur darauf an, daß die Lautsprechermembran durch die Stromimpulse genügend stark ausgelenkt wird.

Für das Schaltungsbeispiel in Bild 47, wo die Diode D den Widerstand R_B in einer Richtung überbrückt, gilt zur Berechnung der Tonfrequenz die Beziehung

$$f = \frac{1}{0{,}7 \cdot C \cdot (R_A + R_B)}$$

Mit den im Beispiel angegebenen Werten C = 10 nF, R_A = 22 kΩ und R_B = 220 kΩ errechnet sich die Tonfrequenz f zu:

$$f = \frac{1}{0{,}7 \cdot 10\ nF \cdot 242\ k\Omega} = \mathbf{590\ Hz}$$

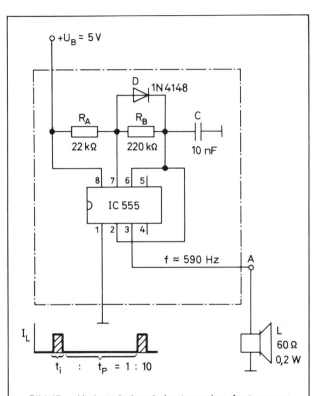

Bild 47   Verlustmindernde Lautsprecher-Ansteuerung mit kurzen Impulsen und relativ langen Impulspausen

Beispiele zur Lautsprecherankopplung an den IC 555

Da Lautsprecher überwiegend niederohmige Wicklungen (4 bis 8 Ω) besitzen, wird es in den meisten Fällen erforderlich sein, den Lautsprecherstrom mittels eines Vorwiderstandes zu begrenzen.
Soll zusätzlich die Lautstärke verändert werden können, so kann dies mit Hilfe eines einstellbaren Vorwiderstandes geschehen. Bild 48a zeigt ein Bemessungsbeispiel für den direkten Anschluß eines niederohmigen Kleinlautsprechers an den IC 555. Der Widerstand R_b garantiert eine Höchststrombegrenzung für den Fall, daß der Lautstärkeeinstellwiderstand auf einen sehr kleinen Wert eingestellt wird.
Leistungsstärkere Lautsprecher, die eine größere Stromstärke als 200 mA aufnehmen, können über eine Transistor-Schaltverstärkerstufe an den IC 555 angekoppelt werden, wie Bild 48b zeigt. In der Regel wird auch hier ein Vorwiderstand zur Begrenzung des Lautsprecherstromes erforderlich sein, dessen Größe von der Betriebsspannung und den maximal zulässigen Stromstärken für Lautsprecher und Transistor abhängig ist. Eine Lautstärkeeinstellung kann bei dieser Schaltverstärkerstufe durch ein Verändern des Steuerstromes mit Hilfe eines einstellbaren Vorwiderstandes vorgenommen werden. Der Festwiderstand R_b verhindert gegebenenfalls das Überschreiten des höchstzulässigen Steuerstromes an der Transistorbasis beim starken Reduzieren des Einstellwiderstandes.

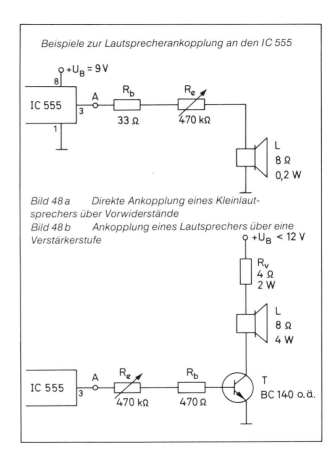

Beispiele zur Lautsprecherankopplung an den IC 555

Bild 48a Direkte Ankopplung eines Kleinlautsprechers über Vorwiderstände
Bild 48b Ankopplung eines Lautsprechers über eine Verstärkerstufe

Da der Transistor je nach Lautstärkeeinstellung als mehr oder weniger großer Begrenzungswiderstand für den Lautsprecherstrom fungiert, erwärmt er sich. Deshalb muß für ausreichende Wärmeabfuhr gesorgt werden.

Eine besonders effektive Schallerzeugung ermöglicht die Schaltungsmaßnahme nach Bild 49, wo ein Kondensator in den Lautsprecherstromkreis eingeschaltet ist.
Die integrierte Schaltung schaltet im Prinzip wie ein einfacher Umschaltkontakt den Anschluß A abwechselnd an Plus- oder Nullpotential. Dadurch wird der Kondensator abwechselnd aufgeladen und entladen. Der Lautsprecher wird sowohl vom Lade- als auch vom Entladestrom durchflossen, da er mit dem Kondensator in Reihe geschaltet ist.

Der besondere Vorteil dieser Gegebenheit:

Der Strom durch den Lautsprecher schwillt nicht nur an und geht wieder auf Null zurück, sondern er kehrt auch dauernd seine Richtung um; es ist ein Wechselstrom!
Die Lautsprecherspule, die die Lautsprechermembran bewegt, wird deshalb vom Lautsprechermagneten nicht wie bei pulsierendem Gleichstrom nur angezogen und losgelassen, sondern bei der Stromrichtungsumkehr auch abgestoßen. Der Hub der Lautsprechermembran ist also bei ständiger Stromrichtungsumkehr größer als bei nur pulsierendem Gleichstrom. Die Schallabstrahlung ist entsprechend besser, da die angrenzende Luft stärker bewegt wird.

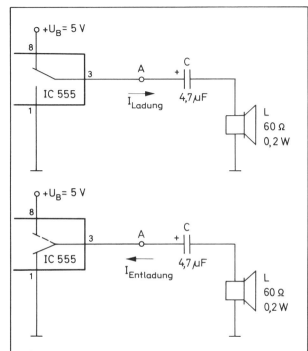

Bild 49   Ankopplung des Lautsprechers über einen Kondensator, der dadurch von Wechselstrom durchflossen wird.
Die Lautsprechermembrane wird weiter ausgelenkt.
Die Schallabgabe wird verbessert

Auch im Schaltungsbeispiel in Bild 50 wird der Lautsprecher mittels eines Kondensators mit Wechselstrom betrieben. Da es ein leistungsstärkerer Lautsprecher ist, wird er über eine Gegentaktschaltung aus zwei komplementären Transistoren an den IC 555 angekoppelt. Die Transistor-Gegentaktschaltung arbeitet im Prinzip wie ein Umschaltkontakt, d. h. der Anschluß E des Kondensators wird abwechselnd mit dem Plus- oder Nullpotential der Betriebsspannung verbunden. Ein Transistor ist jeweils gesperrt, wenn der andere durchlässig ist.

Die Transistoren werden über gemeinsame Widerstände angesteuert. Der einstellbare Widerstand R_e ermöglicht Lautstärkeänderungen, der Festwiderstand R_b begrenzt den Steuerhöchststrom, wenn der Einstellwiderstand sehr klein eingestellt ist. Wird der Einstellwiderstand hochohmig eingestellt, so werden die beiden Transistoren nicht voll durchgesteuert, sie drosseln den Lautsprecherstrom entsprechend, die abgegebene Schalleistung wird geringer. Zu bedenken ist, daß die Transistoren bei diesem Einsatz als Strombegrenzungswiderstände erwärmt werden. Auf ausreichende Kühlung ist zu achten.

Wegen der fortwährenden Auf- und Entladung des Kondensators haben die Stromimpulse im Lautsprecher keine Rechteckform sondern eher eine Sägezahnform, wie das Strom-Zeit-Diagramm in Bild 50 zeigt. Diese Impulsform ändert sich, wenn die Frequenz, die Kapazität des Kondensators oder die Widerstände sich ändern, durch die der Lautsprecherstrom fließt. Wenn bei einer bestimmten Frequenz und bei festen Widerstandsverhältnissen eine relativ kleine Kondensatorkapazität verwendet wird, so werden die Impulse des Lautsprecherstromes spitzer, weil der Ladestrom für den Kondensator schnell nachläßt. Wenn die Kondensatorkapazität bei sonst gleichen Frequenz- und Widerstandsverhältnissen sehr groß gemacht wird, so nähert sich die Form der Lautsprecherstromimpulse der Rechteckform. Daraus ergibt sich grundsätzlich die Möglichkeit der Klangbeeinflussung, wie man im Experiment leicht überprüfen kann.

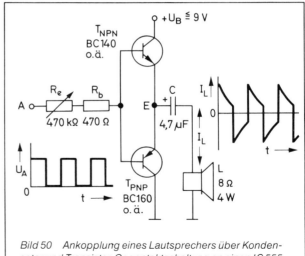

Bild 50 Ankopplung eines Lautsprechers über Kondensator und Transistor-Gegentaktschaltung an einen IC 555

Tonsignalgeber mit stetig veränderbarer Frequenz

Manuelle Frequenzverstellung

Zur stetigen Frequenzverstellung steht bei der integrierten Schaltung 555, wenn sie als Tonsignalgeber betrieben wird, ein besonderer Steueranschluß (Stift 5) zur Verfügung.

Im einfachsten Fall kann die Frequenzverstellung an diesem Anschluß mit Hilfe eines Potentiometers erfolgen, wie Bild 51 zeigt. Mit einem Kleinlautsprecher an Anschluß 3 des IC lassen sich bei den ersten Versuchen die Frequenzänderungen auf einfache Weise akustisch überprüfen.

In unbeschaltetem Zustand führt der Steueranschluß 5 zwei Drittel der Betriebsspannung gegen Masse. Denn dieser Anschluß ist direkt mit dem Spannungsteiler verbunden, der sich im Inneren der integrierten Schaltung befindet und die Schaltschwellen zum Laden und Entladen des frequenzbestimmenden Kondensators C festlegt; vgl. Bild 40.

Legt man an den Steueranschluß 5 einen äußeren Spannungsteiler an, so werden dadurch die Spannungsverhältnisse am internen Spannungsteiler verändert. Die Schaltschwellenwerte werden verschoben, der Schaltrhythmus des Tonsignalgebers ändert sich.

Die Impulsfrequenz läßt sich also durch Verstellen des Potentiometerabgriffs vergrößern oder verkleinern. Allerdings bleibt dabei das Impulsdauer-Impulspause-Verhältnis nicht konstant.

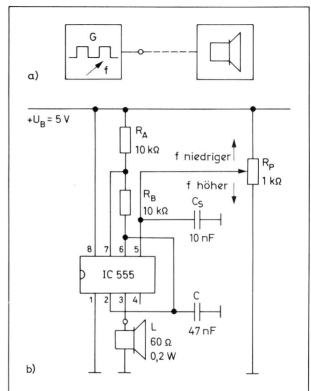

Bild 51 Taktgenerator mit stetig einstellbarer Frequenz. Blockschaltbild und Bemessungsbeispiel

Ein Verstellen des Potentiometerabgriffs bis zu den Endstellungen ist zwar unschädlich, es entsteht kein Kurzschluß; aber wegen der dann sehr stark verschobenen Schaltschwellen sind die Ergebnisse bezüglich der Frequenzerzeugung nicht mehr befriedigend.

Der Kondensator C_s an Anschluß 5 soll Störschwingungen verhindern, die ohne ihn eventuell auftreten könnten.

Eine weitere Möglichkeit der kontinuierlichen Frequenzverstellung erhält man, wenn man den externen frequenzbestimmenden Widerstand R_A an dem IC 555 als Stellwiderstand ausbildet, Bild 52. Mit dieser Einstellmöglichkeit läßt sich die Frequenz in einem ziemlich weiten Bereich verändern. Bei den in Bild 52 angegebenen Werten liegt der Frequenzbereich zwischen 10 kHz und 64 Hz. Der Widerstand R_v bestimmt die kleinste Impulsdauer und verhindert einen Kurzschluß über den IC, wenn R_e auf 0 Ω eingestellt wird.

Auch bei dieser Einstellmethode ändert sich mit einer Frequenzverstellung das Impulsdauer-Impulspause-Verhältnis. Da der Widerstand R_B konstant bleibt, bleibt die Impulspause bei allen eingestellten Frequenzen gleich lang. Nur die Impulsdauer wird mit dem Einstellwiderstand R_e verändert. Das Impulsdauer-Impulspause-Verhältnis ist also bei niedriger Frequenz groß, bei hoher Frequenz klein.

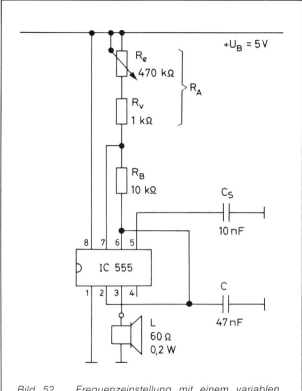

Bild 52   Frequenzeinstellung mit einem variablen frequenzbestimmenden Widerstand

Spannungsabhängige Frequenzeinstellung

Wenn die Frequenz des Tonsignalgebers nicht von Hand, sondern z. B. von einer anderen elektronischen Schaltstufe her beeinflußt werden soll, so muß der einfache Stellwiderstand R_e durch einen elektronisch einstellbaren Widerstand ersetzt werden. Dafür geeignet ist ein Transistor, dessen Durchlaßwiderstand mit einer Steuerspannung fast beliebig vergrößert oder verkleinert werden kann.
Bild 53 zeigt ein Bemessungsbeispiel mit einem PNP-Transistor. Zum Ausprobieren der Schaltung kann die variable Steuerspannung für den Transistor von einem Potentiometer abgegriffen werden. Die höchste Taktfrequenz ist eingestellt, wenn der Transistor ganz durchgesteuert ist, so daß nur die Widerstände R_v und R_B zusammen mit dem Kondensator C frequenzbestimmend sind. R_v verhindert außerdem einen Kurzschluß über den IC an Masse, wenn der Transistor ganz durchlässig ist.
Auch in dieser Schaltung dient ein Kondensator zwischen Anschluß 5 des IC und Masse zur Verhinderung von Störschwingungen.

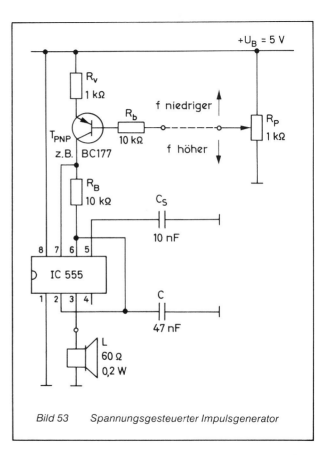

Bild 53   Spannungsgesteuerter Impulsgenerator

Ein „Piepton-Signalgeber"

Problemstellung

Weil erfahrungsgemäß mit einem pulsierenden Schallsignal eine bessere Alarmwirkung erzielt wird als mit einem gleichmäßigen Dauersignal, soll mit einem elektronischen Tonsignalgeber ein rhythmisch unterbrochener Ton, ein „Piepton", erzeugt werden.

Schaltungskonzept

Mit elektronischen Mitteln kann ein intermittierender Ton erzeugt werden, indem ein Tongenerator fortwährend von einem entsprechenden Taktgeber ein- und ausgeschaltet wird, Bild 54. Sowohl die Tongeberstufe als auch die Taktgeberstufe können ohne großen Schaltungsaufwand mit integrierten Schaltungen vom Typ 555 gebildet werden.

Auslegung der Schaltung

Sowohl die Tongeneratorstufe als auch die Taktgeberstufe des „Piepton-Signalgebers" können mit je einem IC 555 nach dem gleichen Schaltungsprinzip aufgebaut werden. Nur die Werte der frequenzbestimmenden externen Bauelemente R_{A1}, R_{B1} und C_1 sowie R_{A2}, R_{B2} und C_2 unterscheiden sich, Bild 55.
Die Frequenzen der beiden Multivibratoren lassen sich nach der bekannten Gleichung berechnen:

$$f = \frac{1}{0{,}7 \cdot C \cdot (R_A + 2R_B)}$$

Der Tonfrequenzgenerator arbeitet bei den in Bild 55 angenommenen Werten mit einer Frequenz von rund 1 kHz. Der Taktgeber schaltet den Tongeber mit einer Frequenz von etwa 2 Hz ein und aus; d. h. nach einem Tonsignal von etwa 0,5 s Dauer folgt eine Pause von gleicher Dauer. Die Diode in der Taktgeberstufe sorgt für gleich große Impulslängen und Impulspausen.

Das rhythmische Ein- und Ausschalten des Tonsignalgebers geschieht ganz einfach über den Reset-Eingang (Anschluß 4) des IC II. Ist z. B. der Reset-Eingang des Tongebers über den Ausgang des Taktgebers (IC I, Anschluß 3) mit dem Pluspotential der Betriebsspannung verbunden, so wird ein Ton erzeugt. Schaltet der Taktgeber den Tongeber-Reset auf Nullpotential, so verstummt der Tongeber.

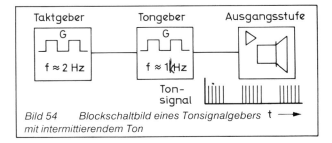

Bild 54 Blockschaltbild eines Tonsignalgebers mit intermittierendem Ton

Wenn nur eine Schallsignalgebung im Nahbereich von Personen erforderlich ist, z. B. in einem kleineren geschlossenen Raum, so genügt der direkte Betrieb eines Kleinlautsprechers über die Tongeneratorstufe (IC II). Der Lautsprecherhöchststrom muß auf 200 mA begrenzt sein. Zur Erzeugung eines stärkeren Schallsignals kann ein größerer Lautsprecher über eine Transistorverstärkerstufe angeschlossen werden (siehe auch Seite 53 bis 55).

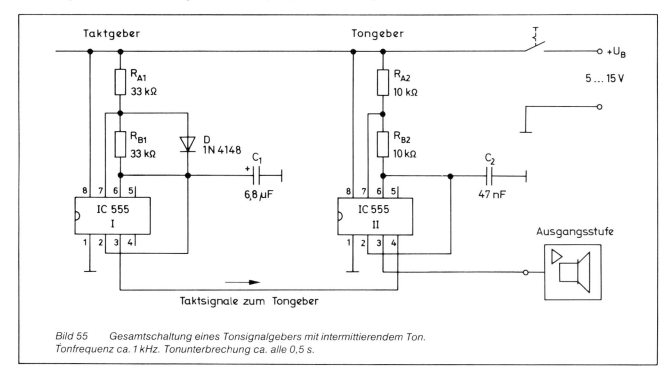

Bild 55   Gesamtschaltung eines Tonsignalgebers mit intermittierendem Ton. Tonfrequenz ca. 1 kHz. Tonunterbrechung ca. alle 0,5 s.

Elektronisches „Zweiklang-Horn"

Problemstellung

Ein akustischer Signalgeber soll in rhythmischem Wechsel zwei verschiedene Töne abgeben. Damit soll z.B. für Spielzeuge das Ta-Tü-Ta-Tü von Polizei- und Rettungsfahrzeugen imitiert werden.

Schaltungskonzept

Das elektronische Zweiklang-Horn läßt sich mit zwei integrierten Schaltungen vom Typ 555 und ein paar passiven Bauelementen aufbauen. Der eine IC arbeitet als umschaltbarer Tongeber für zwei verschiedene Frequenzen. Der andere IC übernimmt das periodische Umschalten von einer auf die andere Frequenz, Bild 56. Zur Schallabstrahlung wird eine geeignete Lautsprecherstufe (vgl. Bild 50) angeschlossen.

Schaltungsausführung

Bild 57 zeigt die Gesamtschaltung des elektronischen Zweiklang-Horns. Sowohl die Tongeberstufe als auch die Frequenzumschaltstufe sind nach der für den IC 555 üblichen Impulsgenerator-Grundschaltung aufgebaut. Um gleiche Zeiten für Impulse und Impulspausen zu erhalten, ist in der Frequenzumschaltstufe der Widerstand R_{B1} durch eine Diode in einer Richtung kurzgeschlossen. Mit den eingetragenen Werten schaltet der Frequenzumschalter mit einer Frequenz von etwa 2 Hz; d.h. er schaltet die beiden Frequenzen des Tongebers jeweils nach einer Viertelsekunde um. Wird z.B. die Kapazität des Kondensators C_1 verdoppelt, so wechseln die Töne jede halbe Sekunde.

Die beiden verschiedenen Frequenzen werden in dem Tongeber-IC über den Steueranschluß 5 eingestellt, wie dies anhand von Bild 58a und b erläutert wird.

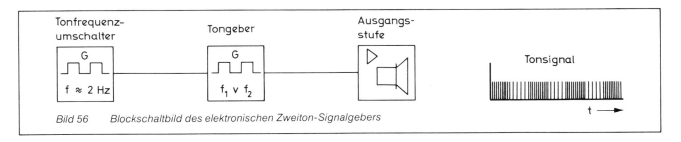

Bild 56   Blockschaltbild des elektronischen Zweiton-Signalgebers

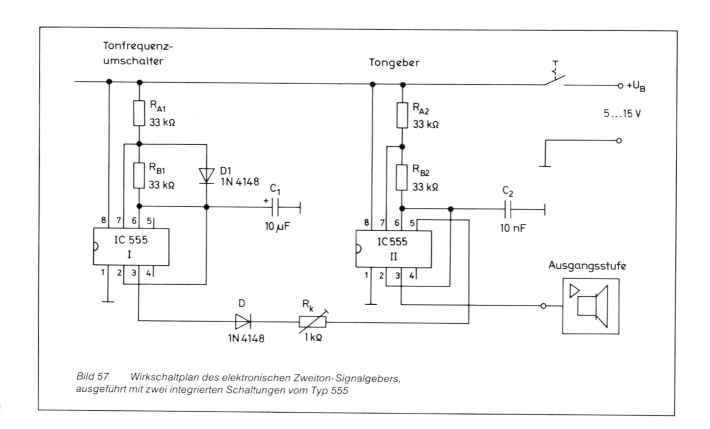

Bild 57 Wirkschaltplan des elektronischen Zweiton-Signalgebers, ausgeführt mit zwei integrierten Schaltungen vom Typ 555

Bild 58a:
Der IC 555 besitzt in seinem Innern einen Spannungsteiler, der die Umschaltschwellenspannungen für die Kondensatorauf- und -entladung bestimmt (vgl. Seite 43). Wird an den Spannungsteileranschluß (5) ein Widerstand (R_k) in Richtung Pluspotential der Betriebsspannung geschaltet, so werden die Schwellenspannungswerte dahingehend verschoben, daß der Tongenerator mit einer niedrigeren Frequenz arbeitet (vgl. auch Seite 56). Die Diode hat in diesem Fall eigentlich noch keine Funktion.

Bild 58b:
Wird der mit der Diode in Reihe liegende Widerstand R_k jedoch durch einen Umschalter in Richtung Masse angeschlossen, so kann er den frequenzbestimmenden Spannungsteiler in dem IC 555 nicht mehr beeinflussen, weil die Diode in dieser Anschlußlage keinen Strom durch ihn hindurchfließen läßt. Der Tongenerator schwingt mit einer Frequenz, die nur durch die externen Bauelemente R_{A2}, R_{B2} und C_2 in Bild 57 bestimmt wird. Diese Frequenz ist höher als jene, die in der entgegengesetzten Schaltstellung von R_k und D erzeugt wird.

Das abwechselnde Umschalten von R_k und D an das Pluspotential der Betriebsspannung oder an Masse erfolgt in der Gesamtschaltung nach Bild 57 durch die als Taktgeber arbeitende integrierte Schaltung IC I. Damit die niedrigere Frequenz in bezug zur höheren Frequenz harmonisch abgestimmt werden kann, ist der Widerstand R_k als Trimmer ausgebildet.

Die höhere Basisfrequenz errechnet sich nach der bekannten Gleichung

$$f = \frac{1}{0{,}7 \cdot C_2 \cdot (R_{A2} + 2\,R_{B2})}$$

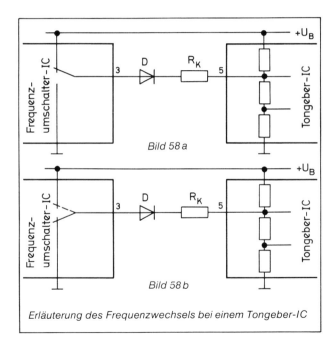

Bild 58a

Bild 58b

Erläuterung des Frequenzwechsels bei einem Tongeber-IC

Elektronische Heulton-Sirene

Problemstellung

Mit nicht allzu großem elektronischem Aufwand soll ein akustisches Signal erzeugt werden, das in der Tonhöhe auf- und abschwillt. Ein solcher Heulton erzwingt besondere Aufmerksamkeit und hebt sich auffallend von anderen akustischen Signalen ab. Die elektronische Sirene soll, je nach angeschlossener Lautsprecherstufe und Energieversorgung, sowohl für häusliche Alarmanlagen als auch für Spielzeuge verwendbar sein. Sie soll einen Heulton abgeben, der entsprechenden „großen" Sirenen ähnelt, die als Alarmgeber in Not- und Katastrophenfällen eingesetzt werden.

Schaltungskonzept

Mit zwei integrierten Schaltungen vom Typ 555 und ein paar passiven Bauelementen läßt sich elektronisch ein Heulton erzeugen. Ein IC 555 kann in der Sirenenschaltung als Tongeber mit stetig veränderlicher Frequenz fungieren. Der andere IC 555 kann zur rhythmischen Frequenzverstellung des ersten IC 555 eingesetzt werden. Damit ein allmähliches Ansteigen und Absinken der Tonfrequenz entsteht, muß der Taktgeber den Tongeber über eine geeignete Koppelschaltung ansteuern, Bild 59.

Schaltungsausführung

Die integrierten Schaltungen vom Typ 555 sind im Prinzip beide als Impulsgeneratoren geschaltet, Bild 60. Der Taktgeber, der die Frequenzvariation am Tongeber steuern soll, arbeitet mit einer relativ niedrigen Frequenz von etwa 0,2 Hz; d. h. er schaltet jeweils nach etwa 2,5 s das Potential an seinem Ausgang (Anschluß 3) von Plus auf Null und umgekehrt. Von dort her werden über ein RC-Glied die frequenzbestimmenden Widerstände des Tongebers so beeinflußt, daß ein rhythmisches Auf- und Abschwellen der Tonhöhe eintritt. (Hierzu Bild 61a, b, c und e.)

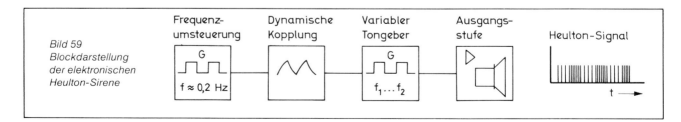

Bild 59 Blockdarstellung der elektronischen Heulton-Sirene

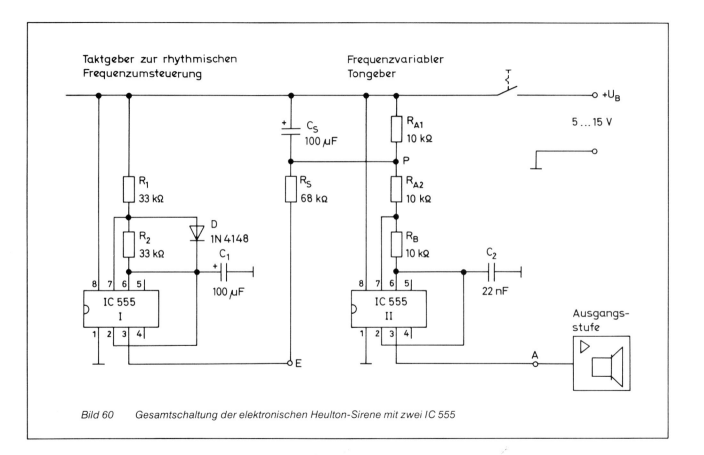

Bild 60 Gesamtschaltung der elektronischen Heulton-Sirene mit zwei IC 555

Bild 61a:
Wenn der Tongeber als Impulsgenerator in der Grundschaltung arbeitet, so bestimmen die Widerstände R_{A1}, R_{A2} und R_B sowie der Kondensator C_2 die Tonfrequenz. Sie beträgt bei den in Bild 61a eingetragenen Werten rund 1,6 kHz.

Bild 61b:
Wird ein Widerstand (z.B. R_S = 68 kΩ) parallel zum Widerstand R_{A1} geschaltet, so wird der aus R_{A1} und R_{A2} bestehende Widerstand R_A insgesamt kleiner. Dadurch aber wird die Dauer der einzelnen Impulse verkürzt und die Tonfrequenz erhöht.

Bild 61c:
Wird hingegen der Widerstand R_S zwischen Punkt P und Masse geschaltet, so sinkt die Tonfrequenz, denn in diesem Fall werden die an den frequenzbestimmenden Widerständen R_{A1}, R_{A2} und R_B abfallenden Spannungen so verändert, daß das Aufladen des Kondensators C_2 bei jedem Impuls nun etwas länger dauert. Die Tonfrequenz wird deswegen niedriger.

Bild 61d:
Wird parallel zum Widerstand R_{A1} ein Kondensator C_S mit relativ hoher Kapazität eingefügt, so verzögert sich jeweils die Verschiebung des Spannungspotentials an Punkt P beim Umschalten des Widerstandes R_S von Plus- auf Nullpotential und umgekehrt. Die Tonhöhenänderungen erfolgen nicht abrupt sondern allmählich. Ein Heulton entsteht.
Im Experiment läßt sich gut ausprobieren, wie sich Veränderungen der Werte von C_S und R_S auf die Tonerzeugung auswirken.

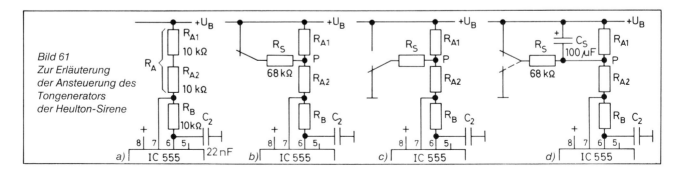

Bild 61
Zur Erläuterung der Ansteuerung des Tongenerators der Heulton-Sirene

Elektronische Kinderorgel

Problemstellung

Es soll ein einfaches, preiswertes elektronisches Musikinstrument für Kinder gebaut werden. Die einzelnen Töne sollen „spielend leicht" durch Tastendruck erzeugt werden können. Der Tonumfang des Instruments soll einerseits so groß sein, daß die meisten bekannten Kindermelodien gespielt werden können, andererseits soll die Anzahl der Tasten wegen des angestrebten geringen Bauaufwandes und wegen der gewünschten einfachen Handhabung möglichst beschränkt bleiben. In diesem Sinne sind 12 Töne ein zufriedenstellender Kompromiß, Bild 62. Da das Instrument etwa die Größe einer Zigarrenkiste haben und transportabel sein soll, soll es mit einer Batterie betrieben werden.

Schaltungskonzept und Schaltungsausführung

Die Erzeugung von 12 Tönen einer Tonleiter kann elektronisch mit einer einzigen integrierten Zeitgeberschaltung vom Typ 555 erfolgen, die als stufig ansteuerbarer Tonfrequenzgenerator geschaltet wird, Bild 63. Die einzelnen Tonfrequenzen werden auf sehr einfache Weise durch das Zuschalten von Vorwiderständen zu den zur Grundausstattung gehörenden frequenzbestimmenden Widerständen (R_A und R_B) des IC-555-Tongenerators eingestellt. Um die einzelnen Töne einer Tonleiter entsprechend abstimmen zu können, werden als Vorwiderstände Trimmwiderstände eingesetzt. Für den höchsten Ton wird der Widerstandswert des Vorwiderstandes am kleinsten sein müssen, für den niedrigsten Ton am größten.

Durch das Zuschalten der Vorwiderstände bei der Tonerzeugung werden jeweils nur die Impulslängen, nicht aber die Impulspausen größer, denn nur R_A wird insgesamt größer, R_B hingegen bleibt bei allen Frequenzen unverändert. Dies bedeutet akustisch außer einer Frequenzveränderung eine gewisse Veränderung der Klangfarbe von Ton zu Ton. Unter den gegebenen Bedingungen ist diese Klangfarbenveränderung jedoch vertretbar und nicht weiter störend.

Für die Tastatur sind Taster mit genügend großer Tastfläche, geringem Hub und möglichst „weicher" Auslösung zu empfehlen, damit das Instrument bequem gehandhabt werden kann.

Wie viele andere Musikinstrumente, so muß auch die elektronische Kinderorgel, wenn sie fertiggestellt ist, vor dem Spielen gestimmt werden.

Am bequemsten wäre das Einstellen der einzelnen Tonfrequenzen mit Hilfe eines elektronischen Frequenzmessers, der aber den wenigsten Hobby-Elektronikern zur Verfügung stehen dürfte.

Aber mit etwas Geduld lassen sich die Töne auch nach dem Gehör abstimmen. Man sollte mit dem niedrigsten oder höchsten Ton beginnen. Zur Überprüfung der Toneinstellungen ist es nützlich, immer wieder eine bekannte Melodie abzuspielen und die Einstellungen der Trimmerwiderstände daraufhin zu korrigieren. Auch das Vergleichen der voreingestellten Töne mit den Tönen eines anderen eventuell vorhandenen gestimmten Musikinstruments kann hilfreich sein.

Es ist im übrigen möglich, alle Töne einer Tonleiter gleichermaßen und auf einmal in der Tonhöhe zu verschieben, wenn man die Kapazität des Kondensators C an dem IC 555 verändert. Wird die Kapazität z. B. auf die Hälfte verringert, so werden alle Töne um eine Oktave höher, d. h. ihre Frequenzen werden verdoppelt.

Bild 64 zeigt ein mit einfachen Mitteln gefertigtes Ausführungsmodell der elektronischen Kinderorgel. Als Gehäuse wurde ein flaches Holzkästchen verwendet, bei dem der Deckel als Notenhalter dient. Damit das Abschalten nicht vergessen und die Batterie nicht unnötig entladen wird, wird beim Schließen des Deckels ein Kontakt betätigt, der die Stromversorgung unterbricht. Solche Kontakte verwendet man z. B. an Kühlschrank- und Autotüren zum automatischen Ein- und Ausschalten der Innenbeleuchtung.

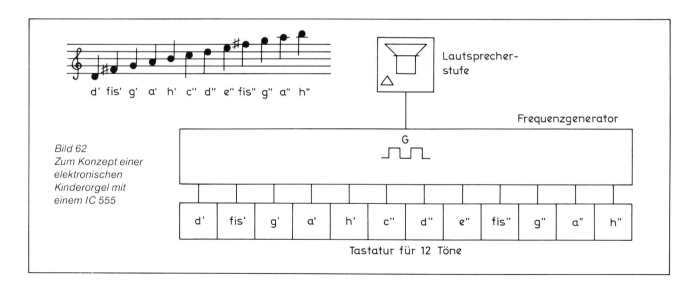

Bild 62
Zum Konzept einer elektronischen Kinderorgel mit einem IC 555

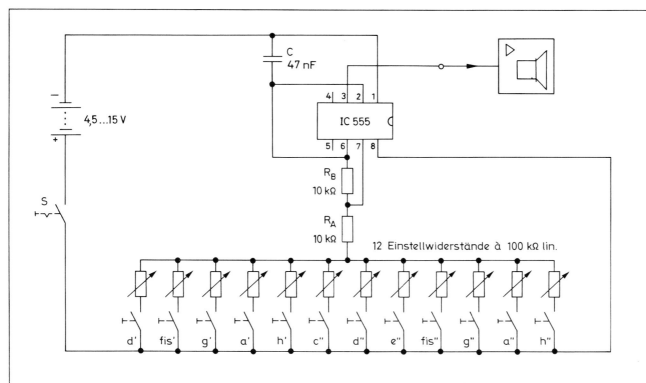

Bild 63 Gesamtschaltung einer batteriebetriebenen elektronischen Kinderorgel für 12 Töne mit einem IC 555 als Tongenerator

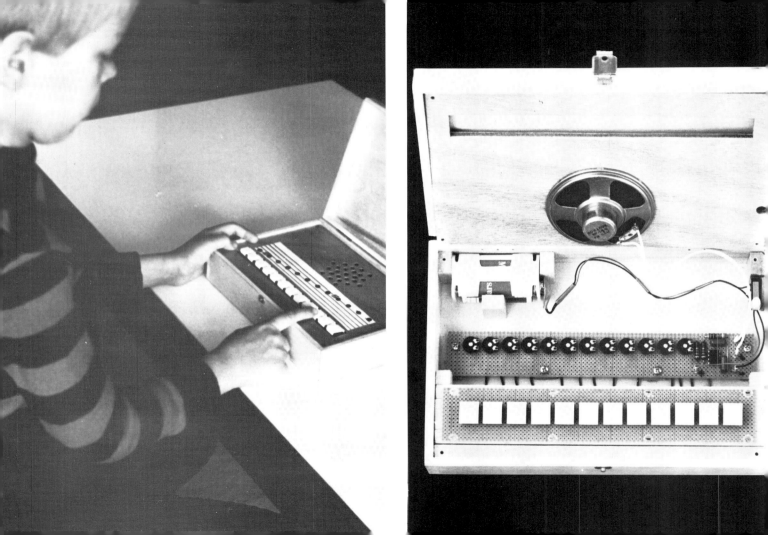

Ein DING-DANG-DONG-Gong

Problemstellung

Auf einen kurzen Knopfdruck hin soll ein Tonsignalgeber eine Folge von drei harmonischen Tönen abgeben. Die Töne sollen in der Tonhöhe und in der Dauer einstellbar sein. Der Dreiklang-Gong soll z. B. eine einfache Türklingel ersetzen.

Schaltungskonzept

Die Erzeugung mehrerer aufeinander abgestimmter Töne für einen Mehrklang-Gong kann nach dem gleichen Prinzip erfolgen wie bei der elektronischen Kinderorgel im vorigen Kapitel. Zum automatischen Einschalten der einzelnen Töne in einer bestimmten zeitlichen Reihenfolge muß eine Ablaufsteuerung vorgesehen werden. Sie kann prinzipiell in gleicher Weise realisiert werden wie in der Lauflichtschaltung auf Seite 32 ff. Bild 65 zeigt das Schaltungskonzept eines Dreiklang-Gongs mit IC 555 in Blockdarstellung.

Aufbau und Funktion der Schaltung

Bild 66 enthält die gesamte Schaltung des Tongebers mit automatisch ablaufender Tonfolge.
Ein IC 555 ist als Tonfrequenzgenerator (G) geschaltet, wobei drei verschiedene Töne über drei unterschiedlich ein-

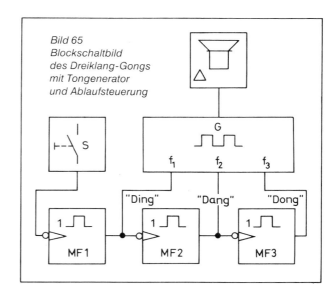

Bild 65
Blockschaltbild
des Dreiklang-Gongs
mit Tongenerator
und Ablaufsteuerung

gestellte Trimmerwiderstände angeregt werden können. Die Dioden vor den Trimmerwiderständen dienen zur Entkopplung der drei Ansteuerungseingänge, die an die Ausgänge der dreistufigen Ablaufsteuerung (MF 1 – MF 3) angeschlossen sind.
Die IC 555 in der Ablaufsteuerung sind als monostabile Kippglieder mit dynamischer Ansteuerung geschaltet. Sie reagieren nur auf schnell abfallende Spannungsflanken (vgl. auch Seite 31). Dadurch wird erreicht, daß ein nachfolgendes Kippglied in der Ablaufsteuerung jeweils nur

◀ Bild 64 (links) elektronische Kinderorgel für 12 Töne,
(rechts) das Innere des Modells

dann getriggert wird, wenn ein vorgeschaltetes Kippglied aus dem vorübergehenden Arbeitszustand in den Ruhezustand schaltet. Die Ablaufsteuerung wird insgesamt gestartet, wenn der Schalter S geschlossen und der Triggereingang des ersten Kippglieds vorübergehend über den Kondensator C_1 auf Nullpotential gelegt wird.

Im Ruhezustand der Ablaufsteuerung führen die Ausgänge aller Kippglieder Nullpotential. Alle frequenzbestimmenden Widerstände des Tongenerators sind deshalb ebenfalls auf Nullpotential geschaltet; es wird kein Ton erzeugt.

Wenn aber z. B. das Kippglied MF 1 in den Arbeitszustand schaltet, so ist der Trimmerwiderstand R_{12} über die Diode D_3 und den Ausgang des MF 1 an das Pluspotential der Betriebsspannung angeschlossen. Der Tongenerator erzeugt in diesem Fall den Ton 1. Die beiden anderen Ton-

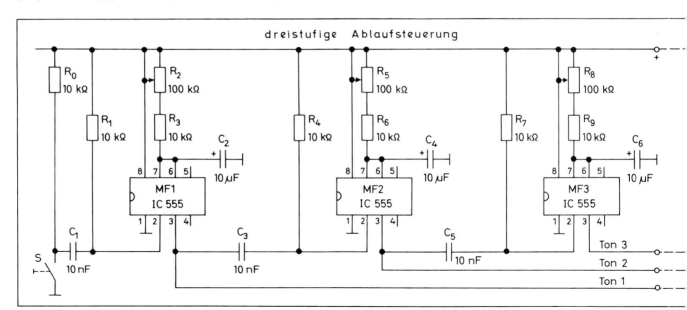

frequenzen des Dreiklang-Gongs werden mit den Trimmerwiderständen R_{10} und R_{11} abgestimmt. Die Längen der Töne werden mit den Trimmern R_2, R_5 und R_8 eingestellt.

Als Schaltungsbesonderheit anzumerken ist, daß der Tongenerator-IC bei der vorliegenden Art der Frequenzsteuerung im Ruhezustand am Ausgangsanschluß 3 nicht Null- sondern Pluspotential führt. Deshalb ist im Schaltungsvorschlag von Bild 66 als „Ausgangsschaltstufe" ein PNP-Transistor eingesetzt worden, der den Lautsprecher stromlos hält, wenn der Tongenerator nicht schwingt.

Bild 67 zeigt die Schaltungsausführung des beschriebenen elektronischen Dreiklang-Gongs. Die Platine enthält zusätzlich eine Gleichrichter- und Stabilisator-Schaltung, die ein direktes Betreiben der Einrichtung an einem Klingeltransformator ermöglicht.

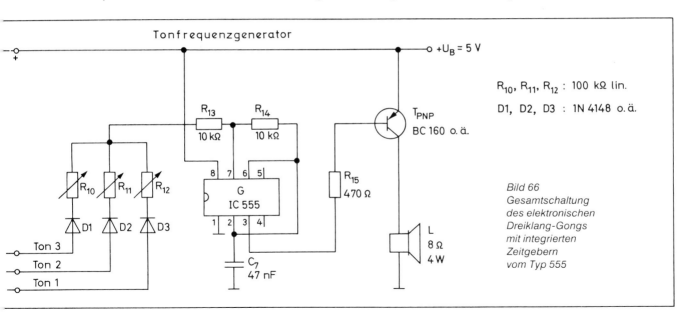

Bild 66
Gesamtschaltung des elektronischen Dreiklang-Gongs mit integrierten Zeitgebern vom Typ 555

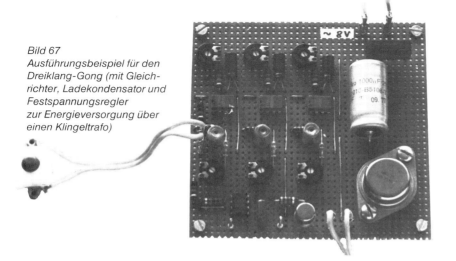

Bild 67
Ausführungsbeispiel für den Dreiklang-Gong (mit Gleichrichter, Ladekondensator und Festspannungsregler zur Energieversorgung über einen Klingeltrafo)

Erweiterung der Tonfolge-Schaltung – Vom Dreiklang zur Melodie

Das hier vorgeschlagene Prinzip der automatischen Tonfolgeerzeugung mit IC-Bausteinen vom Typ 555 läßt sich ohne weiteres für mehr als drei Töne ausbauen, Bild 68. Der Tongenerator muß nur um die gewünschte Anzahl von Eingängen (Trimmerwiderstände und Entkopplungsdioden) erweitert werden und die Ablaufsteuerung muß entsprechend mehr Kippglieder erhalten.

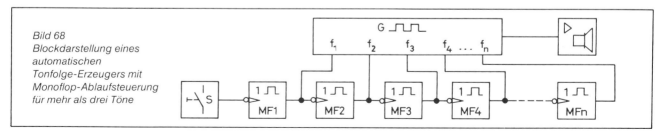

Bild 68
Blockdarstellung eines automatischen Tonfolge-Erzeugers mit Monoflop-Ablaufsteuerung für mehr als drei Töne

Energieversorgung für den Mehrklang-Gong

Wenn der Drei- oder Mehrklang-Gong als „Türklingelersatz" verwendet werden soll, kann die Energieversorgung vom schon vorhandenen Klingeltransformator her erfolgen. Die Wechselspannung vom Transformator muß gleichgerichtet werden; sie sollte auch stabilisiert sein.

Einen Vorschlag für eine entsprechende Schaltung, die zwischen den Klingeltransformator und die Tonfolge-Schaltung zu schalten ist, zeigt Bild 69.

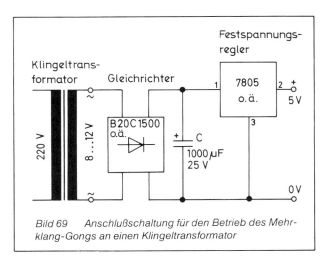

Bild 69 Anschlußschaltung für den Betrieb des Mehrklang-Gongs an einen Klingeltransformator

Verlustarme Drehzahlsteuerung durch Stromimpulse bei einem Gleichstrommotor

Problemstellung

Bei fest vorgegebener Betriebsspannung wäre es schaltungstechnisch am einfachsten, die Drehzahl eines Gleichstrom-Kleinmotors stufenlos mit Hilfe eines einstellbaren Vorwiderstandes zu verändern. Aber diese einfache Lösung müßte mit Energieverlusten in Form von Wärme am Vorwiderstand erkauft werden, was vor allem bei Batteriebetrieb unerwünscht wäre.
Um solche Verluste zu verringern, kann man folgendes Steuerungsprinzip anwenden, das mit elektronischen Bausteinen gar nicht so aufwendig ist:
Dem Motor wird nicht ein mehr oder weniger großer Dauerstrom, sondern der volle Strom nur „portionsweise", d.h. in Impulsen mit mehr oder weniger großen zeitlichen Unterbrechungen zugeführt. Wenn die Stromimpulse in genügend großer Zahl pro Zeiteinheit auf den Motor gegeben werden, läuft er praktisch ruckfrei. Seine Drehzahl richtet sich nach dem jeweiligen Durchschnittsstrom, der sich aus den einzelnen Stromimpulsen ergibt, Bild 70.
Ist die Dauer der einzelnen Impulse kurz und sind die Impulspausen dazwischen relativ lang, so ist der Durchschnittsstrom klein. Die Motordrehzahl ist niedrig. Sind die einzelnen Impulse lang und die dazwischenliegenden Impulspausen kurz, so ist der Durchschnittsstrom größer, die Drehzahl höher.

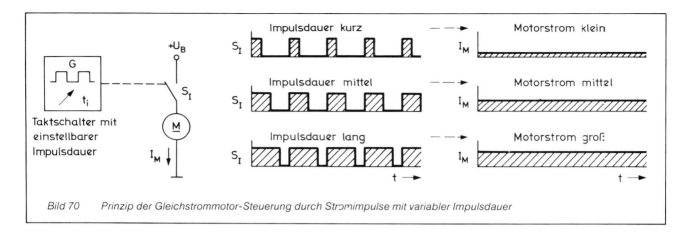

Bild 70   Prinzip der Gleichstrommotor-Steuerung durch Stromimpulse mit variabler Impulsdauer

Motorsteuerung durch Impulsdauerveränderung

Die Schaltung zur Steuerung der Motordrehzahl durch Stromimpulse besteht im wesentlichen aus zwei Schaltungseinheiten: einem Impulsgenerator mit konstanter Frequenz und einem Impulsdauereinsteller, Bild 71. Der Impulsgenerator erzeugt kurze Impulse, die Impulspausen dazwischen sind im Verhältnis dazu vergleichsweise lang. Die Impulse durchlaufen den Impulsdauereinsteller, wo sie in ihrer Länge stufenlos variiert werden können. Daraus ergibt sich für den über eine Leistungsschaltstufe angeschlossenen Motor ein mehr oder weniger großer Durchschnittsstrom.

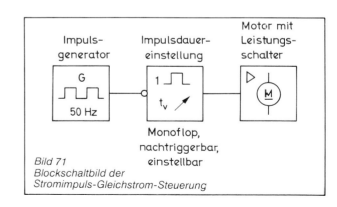

Bild 71
Blockschaltbild der
Stromimpuls-Gleichstrom-Steuerung

Nachtriggerbares Monoflop

Der Impulsdauereinsteller wird schaltungstechnisch durch ein Monoflop mit einstellbarer Verweilzeit gebildet, das allerdings eine besondere Bedingung erfüllen soll:
Wenn die Verweilzeit größer eingestellt wird als die Zeitspanne zwischen zwei Steuerimpulsen, so soll das Monoflop andauernd im Arbeitszustand verharren, damit der Motor dann Dauerstrom bekommt und mit der Höchstdrehzahl läuft.
Diese Bedingung kann mit einem sogenannten „nachtriggerbaren" Monoflop erfüllt werden, bei dem die Verweilzeit jeweils erneut gestartet werden kann, wenn ein neuer Triggerimpuls während einer bereits ablaufenden Verweilzeit eintrifft, Bild 72.

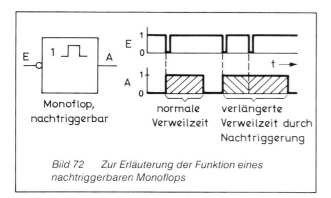

Bild 72   Zur Erläuterung der Funktion eines nachtriggerbaren Monoflops

Die Gesamtschaltung

Der Impulsgenerator und der Impulsdauereinsteller der Motorsteuerung werden mit je einem IC 555 realisiert, Bild 73. Der Impulsgenerator erzeugt Impulse mit einer Frequenz von etwa 140 Hz, die ein relativ großes Impulsdauer-Impulspause-Verhältnis von 100:1 – gemäß dem Widerstandsverhältnis $R_A : R_B$ – besitzen. Zum Triggern der Monoflopstufe werden jeweils die auf Null fallenden Spannungsflanken verwendet. Die dazwischenliegenden Zeiten sind der „Spielraum" für die Verweilzeiteinstellung bei der Monoflopstufe.

Bei der als Impulsdauereinsteller eingerichteten Monoflopstufe wird die Möglichkeit des Nachtriggerns durch den Transistor T_{PNP} erreicht. Dieser Transistor unterbricht das Aufladen des verweilzeitbestimmenden Kondensators C_2, wenn er durch die Triggerimpulse durchgesteuert wird. Tritt also während des Ablaufens einer Verweilzeit, in der der Kondensator C_2 an dem IC 555 II aufgeladen werden soll, ein weiterer Triggerimpuls auf, so wird C_2 über den Transistor T_{PNP} entladen, bevor die Schaltschwelle erreicht wurde. Der Ladevorgang muß danach von vorn beginnen, die Verweilzeit läuft erneut ab. Der Ausgang der Monoflopstufe signalisiert währenddessen den ununterbrochenen Arbeitszustand. Der Motor erhält in diesem Fall Dauerstrom.
Der Schalttransistor T_L, der den Motor schaltet, muß für den Motorhöchststrom ausgelegt sein.

Da der Motor jeweils beim Ausschalten eine Induktionsspannung erzeugt, ist ihm eine Freilaufdiode (FD) parallelgeschaltet, über die sich die Induktionsspannung ausgleichen kann.

Bild 74 zeigt einen Platinenaufbau der Stromimpuls-Steuerschaltung, die sich nicht nur zur Drehzahlsteuerung für einen Gleichstrom-Kleinmotor eignet, sondern auch zur Helligkeitsregulierung von Lampen an Gleichstrom.

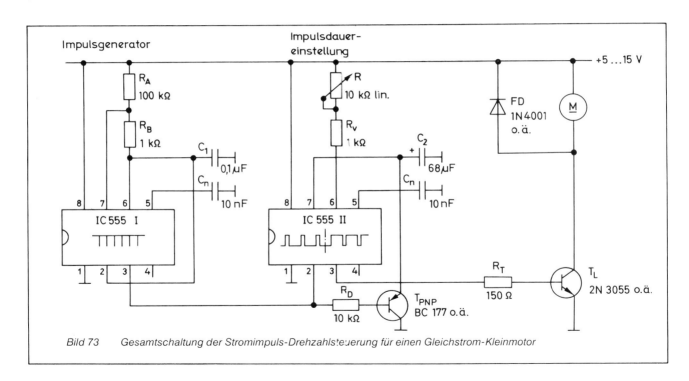

Bild 73   Gesamtschaltung der Stromimpuls-Drehzahlsteuerung für einen Gleichstrom-Kleinmotor

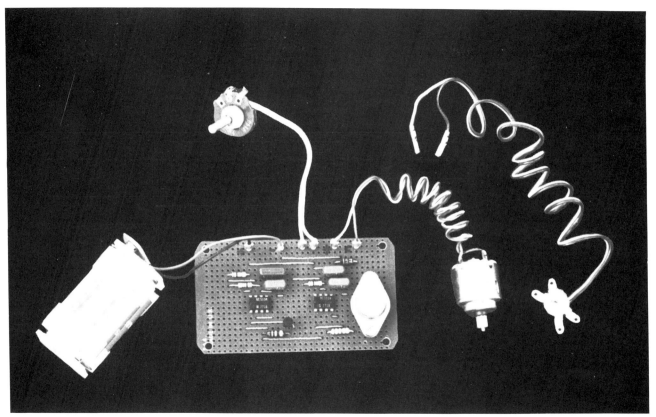

Bild 74   Platinenaufbau der Stromimpuls-Drehzahlsteuerung

**Zusammenstellung der wichtigsten Grenz- und Kenndaten
der integrierten Zeitgeberschaltung 555 im DIL-Plastik-Gehäuse**

Grenzdaten

Betriebsspannung	U_S	16 V
Ausgangsdauerstrom	I_A	200 mA
Sperrschichttemperatur	T_j	150 °C
Wärmewiderstand zwischen System und Umgebung	R_{thSU}	140 K/W

Funktionsbereich

Betriebsspannung	U_{Batt}	4,5 ... 15 V
Umgebungstemperatur	T_U	0 ... +70 °C
Frequenz	f	10^{-3} ... 10^6 Hz

Kenndaten

bei $T_U = 25\,°C$		$U_{Batt} = 5\,V$	$U_{Batt} = 15\,V$
Stromaufnahme (ohne Last)	I_{Batt}	3 ... 6 mA	10 ... 15 mA
Triggerspannung	U_{21}	1/3 U_{Batt}	1/3 U_{Batt}
Triggerstrom	I_2	0,5 µA	0,5 µA
Schwellenspannung	U_{61}	2/3 U_{Batt}	2/3 U_{Batt}
Schwellenstrom	I_6	0,1 µA	0,1 µA
Kontrollspannung	U_{51}	2,6 ... 4 V	9 ... 11 V
Wiederholgenauigkeit		1 %	1 %
Betriebsspannungsdrift		0,1 %/V	0,1 %/V
Temperaturdrift		50 ppm/K	50 ppm/K

(ppm bedeutet: Parts per Million, d.h. Teile pro Million — K bedeutet: Temperatureinheit Kelvin, 1 K $\hat{=}$ 1 Grad)